Privacy and Publicity
Modern Architecture as Mass Media

私密性与公共性
作为大众媒体的现代建筑

U0248965

AS 当代建筑理论论坛系列丛书

Privacy and Publicity
Modern Architecture as Mass Media

私密性与公共性
作为大众媒体的现代建筑

［美］ 比阿特丽斯·科洛米纳 著

李 真 张扬帆 译

中国建筑工业出版社

总序

"AS当代建筑理论论坛系列丛书"的出版是"AS当代建筑理论论坛"的学术活动之一。从2008年策划开始，到2010年活动的开启至今，"AS当代建筑理论论坛"都是由内在相关的三个部分组成：理论著作的翻译（AS Readings）、对著作中相关议题展开讨论的国际研讨会（AS Symposium），以及以研讨会为基础的《建筑研究》（*AS Studies*）的出版。三个部分各有侧重，无疑，理论著作的翻译、解读是整个论坛活动的支点之一。因此，本丛书的定位不仅是推动理论翻译与研究的结合，而且体现了我们所看重的"建筑理论"的研究方向。

"AS当代建筑理论论坛"，就整体而言，关注的核心有两个：一是作为现代知识形式的建筑学；二是作为探索、质疑和丰富这一知识构成条件的中国。就前者而言，我们的问题是：在建筑研究边界不断扩展，建筑解读与讨论越来越多地进入跨学科质询的同时，建筑学自身的建构依然是一个问题——如何返回建筑，如何将更广泛的议题批判性地转化为建筑问题，并由此重构建筑知识，在与建筑实践相关联的同时，又对当代的境况予以回应。而这些批判性的转化、重构、关联与回应的工作，正是我们所关注的建筑理论的贡献所在。

这当然只是面向建筑理论的一种理解和一种工作，但却是"AS读本"的选择标准。具体地说，我们的标准有三个：①不管地域背景和文化语境如何，指向的是具有普遍性的建筑问题的揭示和建构，因为只有这样，我们才可以在跨文化和跨越文化中，进行共同的和有差异性的讨论，也即"中国条件"的意义；②以建筑学内在的问题为核心，同时涉及观念或概念（词）与建筑对象（物）的关系的讨论和建构，无论是直接的，还是关于或通过中介的；③以第二次世界大战后出版的对当代建筑知识的构成产生过重要影响的著作为主，并且在某个或某些个议题的讨论中，具有一定的开拓性，或代表性。

对于翻译，我们从来不认为是一个单纯的文字工作，而是一项研究。本丛书的翻译与"AS研讨会"结合的初衷之一，即是提倡一种"语境翻译"（contextual translation）和与之相应的跨语境的建筑讨论。换句话说，我们翻译的目的不只是在不同的语言中找到意义对应的词，而且要同时理解这些理论议题产生的背景、面对的问题和建构的方式，其概念的范畴和指代物之间的关系。于此，一方面，能相对准确地把握原著的思想；另一方面，理解不同语境下的相同与差异，帮助我们更深入地反观彼此的问题。

整个"AS当代建筑理论论坛"系列活动得到了海内外诸多学者的支持，并组成了由马克·卡森斯（Mark Cousins）教授、陈薇教授等领衔的学术委员会。论坛的整体运行有赖于三个机构的相互合作：来自南京的东南大学建筑学院、来自伦敦的"AA"建筑联盟学院，和来自上海的华东建筑集团股份有限公司（简称"华建集团"）。这一合作本身即蕴含着我们的组织意图，建立一个理论与实践相关联而非分离的国际交流平台。

李华　葛明

2017年7月于南京

学术架构

"AS当代建筑理论论坛系列丛书"主持

李华
东南大学

葛明
东南大学

"AS当代建筑理论论坛"学术委员会

学术委员会主席

马克·卡森斯
"AA"建筑联盟学院

陈薇
东南大学

学术委员会委员

斯坦福·安德森
麻省理工学院

阿德里安·福蒂
伦敦大学学院

迈克尔·海斯
哈佛大学

戴维·莱瑟巴罗
宾夕法尼亚大学

布雷特·斯蒂尔
"AA"建筑联盟学院

安东尼·维德勒
库伯联盟

刘先觉
东南大学

王骏阳
同济大学

李士桥
弗吉尼亚大学

王建国
东南大学

韩冬青
东南大学

董卫
东南大学

张桦
华建集团

沈迪
华建集团

翻译顾问

王斯福
伦敦政治经济学院

朱剑飞
墨尔本大学

阮昕
新南威尔士大学

赖德霖
路易威尔大学

"AS当代建筑理论论坛"主办机构

东南大学

"AA"建筑联盟学院

华建集团

致安德里亚（Andrea）和马克（Mark）

目录

前言

这本书已经伴随我很长一段时间了。我不知道这一切是从什么时候开始的，但我知道自己是在什么时候最早写下了那些无论如何都会导向这本书的文字——那是1981年，在纽约。当时我用西班牙语写作，然后将它翻译成英语。不久之后，当我试着用英语来写这些东西，我惊讶地发现，不仅我的写作方式发生了巨大变化，甚至我所说的内容也发生了巨大变化。好像通过英语这门语言，我将之前一整套看待事物的方式，或者说写作的方式抛之脑后。即便我们以为自己知道要写什么，从开始写作的那一刻，语言会带领我们踏上它自己的旅程。如果那门语言不是我们的母语，我们一定会身处陌生的领域之中。之后，我对西班牙语也有了这种感觉。我设法成为这两种语言的外国人，在非正式场合的讨论中随意切换自己的位置。这种复杂变动的痕迹在这本书中随处可见。文本以某种方式悬浮在构建它的语言和时段之间。

甚至1981年那篇写路斯（Loos）的原文在这里也被重写和扩展了，超越了最初的认知和理解——那些在不同的世界、不同的文化和时代之间的斗争至今仍然存在。这些变化让我在10年后一次休假中重新阅读这篇文章时如临深渊：我只要一读到我写的东西就感到头痛。然而，当我试图重新进入它的时候，我发现自己被它引诱着，陷入了一张复杂的、由文学引用构筑的织网之中，被拉回到一个我曾经有时间和心境读小说的空间；我怀念那个空间，但同时也为它曾经的见证而感到懊恼，那些迂回的文字拒绝直白，与这本书的其他部分保持了一致。我原本以为这只是草草的编辑工作，后来变成了一段长时间的写作，在这段时间里，我发现自己又回到了写第一版文字时的状态，在某种程度上，我努力想把自己从中解放出来，却又无法摆脱它。最后，这本书追溯了我在美国12年的思想演进过程。

在这段时间里，我受惠于许多人和机构。这项研究和写作得到了巴塞罗那凯克萨银行（Caixa de Barcelona）、格雷厄姆基金会（Graham Foundation）、勒·柯布西耶基金会（Foundation Le Corbusier）、SOM基金会（SOM Foundation）和普林斯顿大学人文社会科学研究委员会的资助和研究基金。作为纽约人文学院的研究学者、哥伦比亚大学的访问学者，以及芝加哥建筑与城市主义研究所的常驻研究员，我也受益匪浅。我很感谢安吉拉·吉拉尔（Angela Giral）和哥伦比亚大学艾弗里图书馆（Avery Library at Columbia University）的工作人员、普林斯顿大学建筑学院图书馆的弗朗西丝·陈（Frances Chen）、现代艺术博物馆（MoMA）建筑与设计部图书馆和档案部门的工作人员，其中最感谢的是伊芙琳·特雷安夫人（Evelyne Trehin）和她属下的巴黎勒·柯布西耶基金会的工作人员，多年以来，他们为我研究勒·柯布西耶的非凡档案提供了鼎力支持。

这本书的部分内容早期发表于《9H》第6期、《集合》(*Assemblage*)的第4期、《空间规划与自由平面》(*Raumplan versus Plan Libre*)、《新精神：勒·柯布西耶与工业》(*L'Esprit nouveau: Le Corbusier und die industries*)、《勒·柯布西耶，一部百科全书》(*Le Corbusier, une encyclopedie*)、《AA档案》(*AA Files*)第20期、《建筑出品》(*Architectureproduction*)、《八角形》(*Ottagono*)期刊、《性与空间》(*Sexuality and Space*)。我感谢这些期刊和书籍的编辑们：威尔弗里德·王(Wilfried Wang)、K. 迈克尔·海斯(K. Michael Hays)、麦克斯·里塞拉达(Max Risselada)、斯坦尼斯劳斯·冯·莫斯(Stanislaus von Moos)、雅克·卢肯(Jacques Lucan)、布鲁诺·赖希林(Bruno Reichlin)、让·路易斯·科恩(Jean Louis Cohen)、琼·奥克曼(Joan Ockman)、阿尔文·博亚尔斯基(Alvin Boyarsky)、玛丽·沃(Mary Wall)和亚历山德拉·庞特(Alessandra Ponte)。本书的编写，也得益于我受邀在建筑院校所做的一系列介绍本书研究内容的小型讲座：1986年在哈佛大学，1987年在伦斯勒理工学院，1989年在伦敦建筑联盟，1991年在耶鲁大学。最后，这本书付印时，我受邀在1993年康奈尔大学建筑学院举办的普林斯顿·H.托马斯纪念讲座上发布这本书，讲座由伦纳德·托马斯夫妇(Mr. and Mrs. Leonard Thomas)赞助。这些来自建筑学院的支持是无价的。我的论点在很大程度上因为这些交流而变得更加犀利，怎么高度地评价这些助益都不为过。

也许我首先应该感谢的是我自己的学生。我先是在哥伦比亚大学建筑学院，后来又在普林斯顿大学的研讨会上，大胆提出了自己最初的想法。没有什么比得上第一批观众的反馈更让人觉得有收获了；我将永远感激他们。从很多方面来说，这本书是为他们而写的。

当然，我也很感谢我的朋友们，他们都以不同的方式为这个项目做出了贡献：戴安娜·阿格雷斯特(Diana Agrest)、珍妮弗·布卢默(Jennifer Bloomer)、克里斯汀·博耶(Christine Boyer)、克里斯蒂娜·克罗米纳(Cristina Colomina)、艾伦·卡洪(Alan Colquhoun)、伊丽莎白·迪勒(Elizabeth Diller)、马里奥·甘德尔索纳斯(Mario Gandelsonas)、迈克尔·海斯(Michael Hays)、让·伦纳德(Jean Leonard)，拉尔夫·勒纳(Ralph Lerner)、托马斯·李瑟(Thomas Leeser)、桑德罗·马尔皮莱罗(Sandro Marpillero)、玛格丽塔·纳瓦罗·巴尔德维格(Margarita Navarro Baldeweg)、艾琳·佩雷斯·普罗(Irene Perez Porro)、亚历山德拉·庞特(Alessandra Ponte)、塔图·萨瓦特(Txatxo Sabater)、里卡多·斯科菲迪奥(Ricardo Scofidio)、伊戈纳西·德·索拉-莫拉莱斯(Ignasi de Solà–Morales)、乔治·泰索特(Georges Teyssot)和托尼·韦德勒(Tony Vidler)。我要特别感谢麻省理工学院出版社的罗杰·康诺弗(Roger Conover)，他一直都很支持这个项目，也要特别感谢马修·阿贝特(Matt Abbate)细致的编辑工作，以及珍妮特·伦德谢(Jeannet Leedertse)的设计。

这本书是献给马克·威格利(Mark Wigley)和我的女儿安德里亚的。当这一切开始的时候，他们并没有参与进来，但是没有他们，这一切都不会发生。

档案

维也纳，贝阿特里克斯街（Beatrixgasse）25号。路斯下令销毁了办公室里所有的文件，这是1922年，他离开维也纳，准备去巴黎定居。与他合作过的海因里希·库尔卡（Heinrich Kulka）和格雷特·克利姆特–亨彻尔（Grethe Klimt–Hentschel）从这些销毁的文件中收集了仅存的一些残片，之后成为关于路斯的第一本书的基础，这本书就是由库尔卡和弗朗茨·格鲁克（Franz Glück）在1931年编纂的《阿道夫·路斯：建筑师的工作》（Adolf Loos: Das Werk Des Architekten）。[1]多年以来，更多的文件被找到了（但几乎从没有完整过）。这些残片的汇编是几代学者们唯一的证据。正像布卡特·卢克什齐奥（Burkhardt Rukschcio）在1980年所说的："今天，在路斯诞辰110周年之际，可以坦白地说，我们不太可能进一步了解他的工作。他的大部分设计和项目已经完全消失，我们知道的也只是他所设计的数百个住宅室内中的一部分。"[2]所有关于路斯的调查研究都打上了他销毁痕迹的烙印。所有关于路斯的写作都围绕着这些缺失展开，甚至是关于这些缺失的，并常常执迷于此。

巴黎，布兰奇医生广场（Square du docteur Blanch）8—10 号。勒·柯布西耶很早就作了决定：关于他的作品和他自己的每一丝痕迹都应该保留下来。他保存了所有的东西：信件、电话账单、电费单、洗衣服的账单、银行对账单、明信片、法律文件、法庭裁定文件（他曾经常卷入官司）、家庭照片、旅行快照、手提箱、行李箱、文件柜、陶器、地毯、贝壳、烟斗、书籍、杂志、新闻剪报、邮购目录、样品、仪表板、每一阶段的手稿、演讲草稿、涂鸦、潦草的手稿、笔记本、速写本、日记……当然，还有他的油画、雕塑、绘画和其项目的所有文件。这一系列收藏，现在保存在作为勒·柯布西耶基金会的拉罗什—让纳雷住宅（La Roche–Jeanneret House）里，已经成为对勒·柯布西耶进行大规模研究的基础，研究或许在1987年勒·柯布西耶百年诞辰时达到了高潮。浩瀚的可利用的材料也催生了一系列大型出版计划，旨在使档案的内容公开，包括《勒·柯布西耶档案》（*Le Corbusier Archive*），32卷内容包含了32000张关于建筑、城市主义和家具的图纸，正如该书的编辑H. 艾伦·布鲁克斯（H. Allen Brooks）所描述的，这是"有史以来规模最大的建筑出版物"；4卷本的《勒·柯布西耶笔记》（*Le Corbusier Carnets*）包括73本笔记，里面满是1914—1964年完成的草图，以及附录文字的抄本；还有《勒·柯布西耶，东方之旅》（*Le Corbusier, Viaggio in Oriente*），这本书记录了勒·柯布西耶在1910—1911年的旅程，其中包括他的"东方之旅"（Voyage d'Orient）报告以及那个时期的所有绘画、照片和信件。[3]就此而言，乔治·蓬皮杜中心（Centre Georges Pompidou）选择制作了一部百科全书作为纪念勒·柯布西耶百年诞辰的形式，也可以视作相关研究达到高潮的一个征兆。[4]还有哪位建筑师（或艺术家）的作品能享有这样的待遇呢？这种彻底详尽的出版报道，勒·柯布西耶在他42岁时就预料到了，那时他推出了《作品全集》（*Qeuvre complète*）的第一卷（1910—1929年），多年来又陆续增加了7卷，最后一卷（1965—1969年）涵盖了他1965年去世后的那几年的内容。[5]

勒·柯布西耶可能是这个世纪被书写得最多的建筑师。而另一方面，关于路斯的写作开始得非常缓慢。关于路斯的第一本书出版于1931年，正值他60岁生日。[6]而第二本书是由路德维希·芒兹（Ludwig Münz）和古斯塔夫·昆斯特勒（Gustav Künstler）编写的《建筑师阿道夫·路斯》（*Der Architekt Adolf Loos*）（包括了自1931年以来恢复的所有文件，但也是以早期的那本书为基础），直到1964年才出版。[7]很快这本书就被翻译成了英文，成为关于路斯最有影响力的资料。1968年，阿尔贝蒂娜图集出版社（Graphische Sammlung Albertina）买下了芒兹的文件，开始建立阿道夫·路斯档案。直到1982年，布卡特·卢克什齐奥（Burkhardt Rukschcio）和罗兰·沙切尔（Roland

Schachel）才出版了具有里程碑意义的研究专著《阿道夫·路斯：生活与工作》（*Adolf Loos, Leben und Werk*）[8]，其囊括了一个完整的路斯作品辑录，基于在阿尔贝蒂娜的档案和三个私人收藏的全部文件。这本书的作者们形容他们所进行的事业是"真正的侦探工作"：这意味着对于文件无止境的搜索（他们坚称，这是无论如何也完成不了的，怎么可能完成得了？）。这是一场对路斯时代的出版物的全面式"突袭"，以及与路斯朋友、客户和同事进行的大量对话。最后，他们还告诫我们，不能完全相信这些人："即使在他最亲近的同事和他最亲密的朋友那里，现实也常常是被阐释所扭曲了的。"因此，这些"视角主观"和"闲闻轶事"的稿件内容只在"查证后"才被包括进来。[9]在某种意义上说，他们的这本书加上其所有的缺失就是阿道夫·路斯档案（甚至是刑侦意义上的"档案"）。

如果说，对于路斯的研究是由档案中的缺失组织起来的，那关于勒·柯布西耶的研究则是由档案中冗余的部分组织起来的。路斯清空了空间，销毁了他身后的所有痕迹；勒·柯布西耶则填满了他面前的空间，但这个空间不是任意空间，而是一个居家空间，准确地说，是一个房子。思考路斯，就必须在一个公共的空间中——他自己的和他人的出版物所形成的空间，还有口耳相传、道听途说、传闻和小道消息所形成的空间——那些由间接的证据所形成的谜一样的空间。而思考勒·柯布西耶则有必要进入一个私密空间。但私密在这里意味着什么，这个空间究竟是什么，以及如何进入这个空间呢？

布兰奇医生广场，巴黎奥特伊（Paris-Auteuil）的一个小巷子的尽头，一个内凹的空间，一条曲折的街道，一个居于街道和室内之间的空间，一条私密的道路。在这条断头路的尽头，8–10号，是拉罗什–让纳雷住宅，一栋双宅。这是1922年勒·柯布西耶为洛蒂·拉夫（Lotti Raaf）和他的兄弟阿尔伯特·让纳雷（Albert Jeanneret）[10]，同时也是为他的赞助人——艺术收藏家哈乌勒·拉罗什（Raoul La Roche）所设计的；同一年，路斯到达了巴黎。布兰奇医生广场8–10号是公共的还是私密的？是住宅还是展品？是档案馆还是图书馆？是美术馆还是博物馆？这种似是而非的困境在项目最初的功能设置中已经体现出来，因为拉罗什有艺术收藏品要在这栋房子里展示；事实上，这栋建筑也被委托作为存放绘画的"居所"，访客们曾经需要在门口的访客簿上签字。很快，访客们是为了这些画而签名还是为了这所房子而签名这个问题，就变得模糊起来，至少对于勒·柯布西耶来说是这样，后来他让萨伏伊女士在她的住宅入口处也放了一本"金色签名簿"（即使她在那里并没有艺术品要展示）："你会看到你将来能收藏到多少美妙的签名。这就是拉罗什在奥特伊所做的，他的金色签名簿已经变成了名副其实的国际名录。"[11]

但是入口在哪儿？

没有显而易见的传统的进入方式。这栋房子是L形的。在灌木防护带之后，"拉罗什小屋"封闭了小巷的尽端，但由于它坐落在一个架空底层上，街道的空间在这栋房子下面穿过。在右边，两个一模一样的小门几乎与立面融为一体，似乎以某种方式说，我们从它们身上什么也别想找到。拉罗什画廊突出的腹部把访客推向街道上的空间，同时它的弧度指向拐角，指向房子的铰接处，那里的栅栏上开了一个小门。穿过小门，你可以看到车道向你延伸而来。 5

也许入口不是那么明显，就像勒·柯布西耶的其他住宅一样，因为我们被预想要乘车抵达（某种程度上，依照顺序，离开一个"室内"——汽车，来到另一个"室内"——这个以汽车为灵感的现代住宅）。右侧的墙面退进去，形成了一个入口空间。在中部，终于看到了从街道上看过去隐匿不见的门。

在他的《作品全集》中，勒·柯布西耶不厌其烦地描述了这栋住宅的进入方式。这完全是与视觉相关的：

"一进入，**建筑奇观**就立刻呈现在你**眼前**；你沿着一条路线走，沿途的**景色**以丰富的变化发展着；你与或**照亮**墙面或创造**晦暗光线**的大量灯光嬉戏。巨大的**窗户**向外部的景色开启，在这里，你再次找到建筑的统一性。在室内，初步尝试的色彩装饰……允许'**建筑上的伪装**'，也就是说，这是对某种体量的肯定，或者正相反，是对体量的消解。在这里，为我们的'现代之眼'重生的是具有历史意义的建筑学事件：底层架空、水平窗、屋顶花园和玻璃立面。"[12]

进入即是观看。但不是看一个静止的客体、一个房子、一个固定的场所，而更多的是看：在历史中发生的建筑、关于建筑的一系列事件、建筑作为一个事件。与其说是进入建筑，不如说是看到了建筑的入口。你眼看着现代建筑的要素（底层架空、水平窗、屋顶花园和玻璃立面）在你眼前"诞生"。这样一来，它们使眼睛变得"现代"了。

"现代之眼"是运动的。视觉在勒·柯布西耶的建筑中总是与运动相关联："你沿着一条漫游线路"，一个可以**漫步的建筑**（**promenade architecturale**）。关于这个概念，勒·柯布西耶后来会在他坐落于普瓦西（Poissy）的萨伏伊别墅（Villa Savoye，1929—1931年）中更加清晰地展现出来：

"阿拉伯建筑给我们上了宝贵的一课。它是在步行和行进之 6 中被欣赏的；通过行走，通过移动，人们看到了建筑展开的秩序。这是一个与巴洛克建筑相反的原则，巴洛克建筑是围绕着一个固定的理论上的点，在纸上构思的。我更喜欢阿拉伯建筑能教给我们的。在这个房子里，有一个真正的建筑漫步的问题，提供了不断变化、未曾预料的、让人不时惊讶的景观。"[13]

与巴洛克建筑[14]或暗箱的视觉模型不同，现代建筑的视点从来都不是一成不变的，而总是在运动之中，像是在电影里或在城市中。人群、商场里的购物者、铁路上的旅客，以及勒·柯布西耶住宅中的居住者，与电影观众有一个共同之处，就是他们都无法定格（捕捉）图像。像本雅明描述的电影观众那样（"他的眼睛刚抓住一个场景，场景就已经改变了"）[15]，他们所处的空间既非室内又非室外，既非公共又非私密（以传统的定义理解的话）。这是一个由图像而非墙体构成的空间，以图像作为墙体，或者用勒·柯布西耶的话来说——"光之墙。"[16]也就是说，定义空间的墙体不再是以小窗点缀的实体墙面，而是被去物质化了，通过新的建造技术轻薄化了，取而代之的是延展的窗户、景观界定了空间的玻璃条窗。[17]那些不透明的墙面并不产生空间，而是飘浮在住宅的空间之中。"当拉斯穆森问及拉罗什住宅的入口大厅时，勒·柯布西耶回答说，大厅最重要的元素是大窗户，因此他延长了窗户的上边缘，以配合图书馆的防护矮墙。"[18]窗户不再是墙上的一个洞，它已经占据了墙壁。如果，像拉斯穆森（Rasmussen）指出的那样，"墙壁给人的印象是纸做的"，那么，大窗户就是一面有画的纸墙、一面画墙、一个（电影）屏幕。

勒·柯布西耶对住宅原初观念的基本定义是"住宅是一个庇护所、一个封闭的空间，它提供抵御寒冷、炎热和**外界观察**的保护。"如果不包含"观看"这一问题，这种看法本是常见的。观看，对勒·柯布西耶来说，是住宅里最原始的活动。住宅是一个看世界的装置、一种观看的机制。窗户提供了一个与外界隔绝的庇护所，将屋外危险的世界变成一幅令人安心的画面。居民被图像围合着，包裹着，保护着。但是这些早期的窗户是多么受限啊！勒·柯布西耶哀叹道，窗户是"住宅里最受限制的**器官**"（值得注意的是，他说的是"器官"，而不是元素，因为窗户首先被认为是眼睛）。今天的立面不再受旧建筑技术的"束缚"，旧建筑技术使墙体承担建筑的荷载。

"履行自己真正的使命；它是光的提供者……由此产生了住宅的真正定义：地板的舞台……围绕着它们的都是**光之墙**。"

"**光之墙**！从此以后，关于窗户的观念将被改变。到目前为止，窗户的功能还是提供光线和空气，以及能够看出去。对于那些分类过的功能，我应该只保留一个，就是能够看出去……**想要看出门外，就应该探身出去**。"[19]

住宅的现代化转型创造了一个由（动态）影像墙所定义的空间。这是一个媒体的、宣传的空间。在这个空间"里面"只是为了观看；"在外面"即是处于图像**之中**，是被看见，无论是在媒体的照片上、杂志上、电影中、电视里，或是在你的窗上。它不再与传统意义上的公共论坛、广场或聚集在演讲者周围的人群那样的公共空间有太多的关系，而是与每一种出版媒介所触及的受众有很大的关系，与受众实际所处的位置无关。但是，（在大多数情况下）这些受众确实是在家里，这一事实的意义不容小视。从这个意义上来说，私密的变得比公共的更公开了。

如今，眼睛看不到的东西才是隐私，这还不包括那些我们
过去认为的隐私。正如罗兰·巴特（Roland Barthes）所说："摄
影时代的到来精准地对应私密对于公共入侵的发生，或者更确
切地说，对应隐私的公共性这种新社会价值的建立：隐私被如
此公共化地消费着（媒体对于明星隐私的不断入侵以及管理它
们的立法难度不断增长，都证实了这场运动的兴起）。"[20]私密已
经成了消费品。也许这也解释了为什么波多莱尔（Baudelaire）
写道："你的眼睛像商店的橱窗一样明亮。"传统上，窥探心灵
私密空间的唯一方式是直视眼睛，但现在，即使这么做也只能
看到一种"公共的展示"。眼睛不再是"心灵的镜子"，而是精
心构筑的广告。正如尼采所见："没有人敢表现出他的本来面目，
而是把自己伪装成一个有教养的人、一个学者、一个诗人、一
个政治家……个性已经隐藏于内，从之前的没有个性变成了个
性隐而不见。"[21]

假如现代的眼睛像商店的橱窗一样明亮，那么，现代建筑
的窗户也是如此。景窗有两种工作方式：一是将外部世界转化
为可供室内人使用的图像，二是将室内的图像展示给外部世界；
这不应该与暴露个人隐私混淆。相反，我们都已成为我们自身
表象的"专家"。就像我们用快照精心构建我们的家族史一样，
我们也同样巧妙地通过景窗来表现我们的家庭生活。

传统意义上的隐私意识现在不仅稀缺，而且面临着被攻击的
危险，在法律上保护它要比用墙保护更好。这种情况或许可以追
溯到随着摄影而发展起来的关于图像所有权的争论。隐私权已经
变成了"在照片之外"（置身事外，此处为双关）的权利，这意
味着隐私权不仅不存在于媒体照片、八卦专栏、信用报告上，最
迫切的是，它也不存在于公开的医疗记录中。也就是说，隐私权
处于公共视野之外（或者在公众"可接触的"范围之外）。[22]

因此，现代性与隐私的公共性是一致的。但是，这种边界
的重新划分会产生什么样的空间呢？档案的空间很大程度上受
到了这种转变的影响。事实上，这种新的现实首先是关于档案
的问题。档案在隐私史，甚至在史学史中都扮演着重要的角色。
档案是私密的，历史是公开的（今天的档案馆主要是作为其所
持有文件的版权的清算机构，这一事实仅仅证实了这一区别）。
在档案之"外"的历史在被生产着，但是在编写历史时，传统
上最关心的是生成一个无缝衔接的档案[23]，即便所有的档案都
是碎片式的和部分的。档案中凌乱的空间因此被历史封闭起来。
于是，历史成了一种假象。早在1874年，尼采在"历史的运用
和误用"（The Uses and Abuses of History）中写道：

"现代人最具特色的特质，（在于）无法互相匹配的内在与
外在之间存在着一种显著的对立——一种早期人们所不知道的
对立……

我们现代人（已经成了）行走的百科全书……然而，这样的百科全书，其全部价值都在里面的内容之中，而不在外表的装帧和封面上；所以，整个现代文化本质上是内在的；而在外面，书的封面上已经印上了《外在野蛮人的内在文化手册》（Handbook of Interior Culture for Exterior Barbarians）。”[24]

值得注意的是，尼采所表达的内在和外在之间的对立是通过家的概念来表述的，他称之为“无序、狂风暴雨般的、冲突横行的家庭”，是由“记忆”试图适应我们过剩的历史知识“这些奇怪的客人”和“大量难以理解的知识之石”[25]，或者记忆“在它的保险柜里整齐地存放”那些“值得知晓的事情”而造成的。历史就是这种家庭的公共化的再现。 10

“遗忘对任何一种行动来说都必不可少，”尼采又立刻接着论述道。当路斯销毁了工作室的所有文件时，他似乎已经明白了这一点。在1926年路斯做的一个讲座中，他说：

“人类的工作可以被归结成两种行为：破坏和建构。破坏越大，人类的工作也就越纯然是破坏，也就越具有真正的人性、自然和高贵。‘绅士’的概念不能用其他方式来解释。**绅士**是只在‘破坏’的帮助下工作的人。绅士来自农民阶层。农民只输出破坏性的工作……有谁从未想过要破坏些什么呢？”[26]

破坏即是建构。路斯对他自己痕迹的破坏引发了一场大规模的重建工作，一场无止境的修复运动。最初投身这场运动中的只是他最亲近的朋友和同事，但是很快就转入另一代同样致力于这项事业的同仁手中。[27]从这个意义上说，库尔卡的书是建设路斯档案的第一块基石。如果说对于路斯，我们要从一本书进入他的档案之中，那么对于勒·柯布西耶则应该采取相反的策略。他把所有的东西都储存起来。他对于文件柜的执迷是众所周知的，很多文献也有所记载（事实上，甚至他的文件柜也被勒·柯布西耶基金会存档保存了起来）。但是，这种存档不也是另一种方式的“遗忘”吗？

最终使得勒·柯布西耶的档案具有私密性的是其隐藏事物的能力。有时，藏东西的最好方法就是将其置于光天化日之下。在评论以百科全书的方式庆祝勒·柯布西耶诞辰一百周年这个选择时，编纂这部作品的主持者雅克·卢肯（Jacques Lucan）写道： 11

“关于勒·柯布西耶的书籍、文章、研究几乎不计其数，这种丰富是有事实上的原因的，也许没有哪个艺术家会给后人，在一个以此为明确目的而创建的基金会中，留下如此数量巨大的有关其所有（公共和私人）活动的档案文件。人们可能会认为，有了这么多可用的文件，历史学家和传记作家们的任务就会便利很多……也许能够追溯他的一生……以及他对建筑和城市的反思的心路历程……而矛盾的是，以上设想或许都不可能。”[28]

浩瀚无边的痕迹使得研究成为一个永无止境的过程，当有了新的痕迹，或者更确切地说看待这些痕迹的新方法，甚至第一次把它们视作痕迹时，总是会产生新的解读，取代旧的解读。卢肯接着说道，这部百科全书，并没有把勒·柯布西耶准确地包含在其中，因为每一个条目都可以让读者进入其他条目，"如同一条没有尽头的链条"，在某种程度上，就像是提供了一种"在文章中的**漫步**（promenade）"。[29]

　　于是，勒·柯布西耶的住宅空间和关于勒·柯布西耶的历史空间就有了一些共同之处。它们较少地封闭围合，而更多呈现出一种内与外的含混交织，较少地与传统室内空间相关，更多的是遵循某个设定路线（无论这条路线被重新绘制多少次，无论有多么的非线性）；而围合是由读者在过多的材料、过多的图像、过多的刺激中穿梭而集结的飞逝画面拼贴构成的。难道这不正是现代城市的体验吗？档案使得学者在素材中漫游，犹如漫游者在既非室内也非室外的巴黎拱廊中游荡一样。

　　这样的漫步必然涉及我们对建筑观念的转变。我们思考建筑是通过我们对内部和外部、私密与公共之间关系的思考方式来组织的。随着现代性的发展，这些关系发生了转变，传统意义上的内部（即封闭的空间）与外部形成鲜明对立的空间被取代了。所有的边界现在都在改变，这种转变在任何地方都显而易见：在城市中，当然也存在于所有定义这种城市空间的技术之中——铁路、报纸、摄影、电力、广告、预制混凝土、玻璃、电话、电影、广播……战争。每一种都可以被理解为一种打破内与外、公共与私密、白天与黑夜、深度和表面、这里和那里、街道和室内等旧有边界的机制。 12

　　正如本雅明所言，人们现在不得不"适应"的"大城市"的"奇怪"之处是它的速度，持续的运动，那种没有任何东西会停下来、没有任何限制的感觉。火车、交通、电影和报纸都用"跑"（run）这个动词来描述这些截然不同的活动。比如，在报纸上刊登广告用"跑"广告（"run"an ad）这样的说法，甚至遇见某人都变成了"跑着撞见某人"（running into somebody）这样的说法。随着无止境的运动消除了事物的边界，一种新的感知模式成为现代性的标志。感知现在与转瞬即逝联系在了一起。[30]如果说摄影是几个世纪以来捕捉图像的那些努力的顶峰，用本雅明的话来说，就是"去固定那些稍纵即逝的影像"，当转瞬即逝的图像被固定下来，感知模式就变得稍纵即逝，这难道不是有些自相矛盾吗？现在，观察者（闲游的人、火车上的旅客、百货商店的购物者们）都是短暂的。这种短暂和城市中被体验的新空间，都离不开新的再现形式。

　　对本雅明来说，电影是这些新的感知条件形成的一种形式——人们在大城市车水马龙的交通之中，在街道上以个体尺度所体验到的，找到了它们"真正的运用方式"。城市成为电影 13

的绝佳舞台，例如由吉加·维尔托夫（Dziga Vertov）在1929年所拍摄的《持摄影机的人》（*The Man with the Movie Camera*）。电影理论家通常认为这部电影是关于如何在电影中建构意义的。在传统电影中，视点通常被表现为"中性的"、不可见的，把你看到的变成某种"现实"。但是在维尔托夫的电影中，人们看到的是一种对观看和观看视角的反转。主观的视角在观看之后出现，使观众意识到她/他所看到的其实是一种建构。但是所有这一切，都不能解释为什么维尔托夫用城市来展示这一转变。

电影中的现实主义有时会被定义为"世界之窗"。这是一种建筑模型，一种传统的无固定视角的室内模型。但是大城市的空间已经取代了这种有特定视角的房间模型——暗箱模型。维尔托夫选择城市并非偶然。他的电影清晰地表明了，城市的新空间不仅仅是由新的再现技术定义的，城市也在改变这些技术。

思考现代建筑的问题，必须在空间问题和再现问题之间来回切换。实际上，有必要将建筑看作一个再现系统，或者更确切地说，一系列重叠的再现系统。这并不意味着要放弃传统的建筑对象——建筑物。最终，这意味着要比从前更加仔细地观察它，而且要以一种不同的方式。对建筑的理解应该与对图纸、照片、文字、电影和广告的理解一样；不仅仅因为这些是我们所经常遇到的媒介，而是因为建筑本身就是一种再现机制。

毕竟，建筑是一种"构筑物"，从这个词的所有意义上来说，它都是一种"构筑物"。当我们谈论再现时，我们谈论的是主体和客体。传统上，建筑被认为是一种客体，一种有边界的、与假定独立存在的主体相对立而建立的统一实体。在现代性之中，客体定义了内外边界的多重性。由于这些边界相互削弱，客体会对其自身的客体性产生疑问，进而也就会对假定存在于其外的经典主体的统一性产生怀疑。正是在这些方面，这本书对现代建筑的看法背后的意识形态假设提出了质疑。 14

传统的观点把现代建筑描绘成一种与大众文化和日常生活相对立的高级艺术实践。它关注的是那些被认为是自主的、自我指涉的客体的内在生活，这种客体为独立观察主体所用，即艺术品。在这样做的过程中，它忽略了现代建筑持续参与大众文化的压倒性历史证据。实际上，正是这种新兴的信息传播系统定义了20世纪的文化——大众传媒——是现代主义建筑产生和直接参与的真正场所。事实上，有人可能会说，现代建筑只有与媒体相结合时才是现代的（这正是本书的主要论点）。巴纳姆指出，现代运动是艺术史上第一次完全基于"摄影证据"而非个人经验、绘画或传统书籍的运动。[31]他所指的，一方面是，工业建筑变成了现代主义运动的符号，建筑师不是从直接的经验（而只是从照片）得知现代主义运动；另一方面是，这些建筑师的作品本身也是通过媒体和印刷出版物为人所知。这就要求建筑产品场地的转变——不再局限于建造场地上，越来越多地转移到建筑出版物、展览、期刊报纸等非物质性的场地中。

矛盾的是，那些被认为比建筑更短暂的媒体，从许多方面 却更永久：它们为建筑在历史上谋得了一席之地，一个不仅仅由历史学家和评论家，也由利用这些媒体的建筑师们一起设计的历史空间。

本书通过研究两位清晰阐明了现代主义运动观点的经典大师的作品，试图追溯现代主义建筑和媒体之间的一些策略性的关系。他们一位标记了这个历史性空间的门槛，却没有跨过它；另一位则占据和主宰了这个空间。重新思考他们的作品，就必须重新思考那个空间的建筑。也许再没有其他哪个现代建筑师引起如此多的猜测。如果说路斯销毁了所有的痕迹，勒·柯布西耶则积累了太多的痕迹，两者都在隐藏。通过这样的做法，他们成功地完成了大量的关键性工作。这本书关注的并非如何取代这些数量巨大的作品所创造的现代建筑的旧空间，而是作为一种最初始的努力，试图思考旧空间及其局限性，去追寻一些突破口，追踪一些线索，但并不得出任何单一的结论。贯穿各种各样的线索轨迹，与其说这本书关注的是建筑与媒体之间的关系，不如说它更关注建筑作为媒体思考的可能性。

城市

"在历史的漫长世代中，人类感官认知的模式总是随着人类
整体的存在模式改变着。人类感官认知的组织方式，以及其达
成的媒介，不仅是由自然条件，也是由历史条件所决定的。"

　　——瓦尔特·本雅明（Walter Benjamin），"机械复制时代
　　　的艺术作品"（The Work of Art in the Age of Mechanical
　　　Reproduction）

华尔街, 1864年

华尔街，1915年，照片由保罗·斯特兰德（Paul Strand）拍摄　　　　　　　19

"对'身在何处'这个问题的过分重视，可以追溯到游牧部落时期，那时人们必须对饲养场加以细心照料。"

——罗伯特·穆齐尔（Robert Musil），《没有个性的人》（*The Man without Qualities*）

事物，像我们自身一样，会以惊人的方式轻易地失去它们的个性。举例来说，维也纳，或许早就是座城市了，但是仅凭这一点还不足以使其成为一个场所。我们不能说这种情况令人无法容忍，只能说那个问题封闭、地点固定、客体只在其自身之中的时代已经终结了；而关系的时代，以一种完全不同的反抗自然的方式，已然开始。事物只有在与其他事物的关系中才有意义，而这个其他事物甚至不需要是真实的。"假如有种东西叫作现实感，"穆齐尔笔下的主人公乌尔里希（Ulrich）说，"那么，一定还有一种我们可以称之为可能感的东西。"这种可能感"可以被直接定义为一种能力——去思考怎样使每件事物'只是简单地'存在着，而不是把'有什么'看得比'没有什么'更重要。"[1]

这一切都发生在穆齐尔写下《没有个性的人》之前，虽然这与他赋予乌尔里希生命的时代是相一致的。一个人在哪里并不重要，自从铁路带我们冷漠地穿过"世界大商场"[2]，这样的地方就已经不再有任何差异了。就像在百货商场里，物品不会因其所处的位置而有所区别。所有东西都在一处。[3]在传统意义上，百货商场甚至不是一个场所。在这样没有场所感的世界中，即使谈论旅行也不再有意义，因为尽管有疯狂的移动，也像没有移动过一样。换而言之，可以说，对于于斯曼（Huysmans）来说，人只有在不移动时，才能旅行。[4]一个人在哪儿、在哪个城市，都不重要。对乌尔里希来说，去要求"一些极其复杂的东西，比如一个人恰好所在的城市……正是让人的注意力从更重要的事情上转移的城市的特别之处"[5]。而穆齐尔笔下的狄奥提玛（Diotima）却说："真正的奥地利是整个世界。"每个地方都包含着在其之外的所有事物。每个地方都没有场所，也没有地点。

假如维也纳不再是一个地方，如果关于这个地方的问题，无论如何，已经变得无关紧要，那一个人能做点什么来使其变得不同呢？一个人可以从什么当中分离出来，以获得一个身份？不是来自自然——现在是一个由许多缆线和轨道混乱交织的网络，纠缠着一切。仅就生存本身已经使得居住在城市中成为一个界定界限的问题，而这种界限比建立传统城市的清晰的分界线要复杂得多。

"毕竟，"穆齐尔的笔下的人物说，"事物的存在不过是由于它所受到的限制，换句话说，是由于其对所处环境做出的或多或少的敌对行为造成的。"城市生活是一种为了划定界限的战斗，而非困在界限中的生活。对这种暂定性界限的关注充斥着都市话语。对路德维希·维特根斯坦（Ludwig Wittgenstein）来说，设限"将通过清晰地呈现可以表达的东西，来表明不能表达的东西"。[6]乔治·齐美尔（Georg Simmel）在他的"论死亡的形而上学"（Metaphysics of Death）一文中引用尼采的观点，"形式的秘密在于它是一种界限；它是事物自身，同时也是事物的休止，在事物的存在与非存在上划定的范围，其实是同一个。"[7]

设限是使生存和知识在都市场景中得以共存的前提。所谓"世纪末的维也纳"（fin-de-siecle Vienna）①，其一切都围绕着对形式的追求，一种为了确立身份而近乎绝望地寻求界限的追求。但是这种身份既非固定的，也非单一的。身份本身成为碎片化的、多重性的。在《布里格手记》（*The Notebook of Malte Laurids Brigges*）②中，R. M. 里尔克（R. M. Rilke）写道："例如，我做梦时，我还没有意识到有多少张不同的面孔。那里有许许多多的人，但也有更多的面孔，每个人都有几张面孔。"[8]每张面孔都是一副面具。

Ⅱ

现代性与面具问题息息相关。在维也纳，面具是一个很常见的主题。这并不意味着它总是有相同的秩序。假设，乌尔里希声称，"一个公民至少有九个角色：一个专业的，一个民族的，一个公民的，一个阶级的，一个地理的，一个性别的，一个意识的，一个无意识的，也许甚至还有一个私密的角色，"因此，这一个体必定也有同样数量的面具。弗洛伊德谈到"文明化"的性道德面具时，把精神深度分析与之相对立；20世纪的人普遍关注精神"健康"，对精神分析产生了极大的兴趣。在"'文明的'性道德与现代神经疾病"（"Civilized" Sexual Morality and Modern Nervous Illness）中［顺便说一句，这是弗洛伊德提到卡尔·克劳斯（Karl Kraus）的文章］，主流道德被认为是导致疯狂的原因，尤其是在女性身上。[9]面具开始对"内在"的失调负责，而不是简单地遮掩。面具创造了它所隐藏的东西。

卡尔·克劳斯在《火炬》（*Die Fackel*）一书中，反对新闻业的面具，认为新闻业不再像之前的时代那样讲述故事，指责新闻业隐瞒而不披露所发生的事情。在他的文章"在这伟大的时代"（In These Great Times）中，克劳斯认识到，只有事实才

---

① fin-de-siecle，世纪末，一般特指19世纪末。——译者注
② 该书全名为《马尔特·劳里茨·布里格手记》，是奥地利诗人里尔克（Rainer Maria Rilke，1875—1926年）平生创作的唯一一部长篇笔记体小说，叙述了浪迹于巴黎、出身没落贵族、敏感而孤傲的丹麦青年诗人布里格的回忆与自白。全书没有贯穿始终的连续情节，由71篇看似独立的笔记式的片段随笔连缀构成。——译者注

维也纳，歌剧院大街（Operngasse）与弗莱德里希大街（Friedrichstrasse）以及咖啡博物馆　22
（Café Museum）

能说话，而新闻本身，除了它声称所代表的事件之外，就是一种事实："如果一个人只是为了获取信息而读报，他就不能了解真相，甚至连关于报纸的真相都得不到。事实上，报纸不是对内容的陈述，其本身就是内容，更重要的是，它是一个煽动者。"[10] 那么，面具就是一种事实，它可以自我言说。而只有它背后的东西，"只有思想，"克劳斯说，"是不可言说的。"[11]但是思想和言论的分裂不能只被理解成是新闻业的特性。比如，对胡戈·冯·霍夫曼斯塔尔（Hugo von Hofmannsthal）来说，这是语言自身存在的条件。在"查多斯勋爵的来信"（The Letter of Lord Chandos）中，词语已经无法揭示任何东西了，它只是一个面具："我能够用来书写和思考的语言既不是拉丁语也不是英语，既不是意大利语也不是西班牙语；而是一种我不知晓它的任何词汇、一种没有生命却对我诉说的语言，存在于也许某一天我必须要在未知的审判面前为自己辩护的语言之中。"[12]

建筑全面地参与了面具这一无所不在的逻辑。阿道夫·路斯在《圣春》（Ver Sacrum）杂志中将环城大道（Ringstrasse）的建筑与由波将金（Potemkin）所建造的村庄进行比较时，认为维也纳是一座戴着面具的城市："有谁不知道波将金的村庄——那些凯瑟琳大帝的狡猾宠儿在乌克兰建造的村庄？它们是画布和纸板上的村庄，想要把视觉上的沙漠变成鲜花盛开的风景，以吸引女皇陛下的目光，但难道这位狡猾的大臣所创造的是一整座城市吗？当然，这种事只可能发生在俄国！"[13]但是，路斯没有告诉我们凯瑟琳大帝也许以为她看到的城市里只有画布和纸板，因为她只是路过。同样，维也纳在铁路成为现实的时候也开始戴上了面具。

在一个现实不是此处本身而是其替代物的城市里，现实处于一个没有场所的所在。因为一切都是流动的，停止就意味着戴上了面具，也就不再真实，不再有意义了。这就像"为拍照摆姿势"，就像卡米洛·西特（Camillo Sitte）对那些敢于坐在"现代"广场上的人所说的那样，成为"展览中的一件物品"。[14]穆齐尔把同样的想法反过来写道："城市可以通过其步伐速度来识别，正如人们可以通过他们的步态被认出来一样。"[15]这是面具的佩戴者们能够被认出来的原因；当其不动时，他是无法被破译的，变成了空间的一部分。他的面具和那些建筑的面具并置在一起。只有（不动的人和建筑物的）面具在表达，但这并非在表达面具背后的事物。只有当面具动起来时，才会有信息透露出来；而且，即便如此，它也多少有些神秘。这种神秘的运动或节奏是身份留下的唯一痕迹。

在一个由画布和纸板构成的城市中，真正的差异并不在于不同的立面代表了符合预期的不同的室内。相反，彼此间的毗邻、相互间的关系，以及诸如此类的一切都帮助呈现了作为一个统一整体的面具之城——一个没有缝隙的屏风。真正的差异

西格蒙德·弗洛伊德（Sigmund Freud）的书房，上坡街19号（Berggasse 19），维也纳，1938年

卡尔·克劳斯的书房，洛林格勒大街6号（Lothringerstrasse 6），维也纳，1912年　　　　　　25

就在于这个屏风自身以及它的两个面向。从表面上看，面向"外部"的面具与面向"内部"的面具是不同的。面具外在所表达的内容和支撑它的结构之间的关系是"随意的"。但在其中间的屏风本身，正是造成差异的机制。正是在这时，哲学家们把语言看作一种表达差异的系统，符号被划分为能指和所指，他们甚至用屏风的比喻来表达他们的观点。[16]从某种意义上说，所有维也纳的现代主义作家都是语言的"哲学家"。

但是，当界限与一个地方的围合与边界都没有任何关系，建筑如何能在这样一个城市设置界限？套用赫尔曼·布罗赫（Hermann Broch）对维也纳的描述，在"装饰之都"中是没有场所的。起初，似乎界限只关乎墙，也就是它的面具。但是，关于界限的新观念对墙的地位提出了质疑。问题不再关于一个人是在这里还是在那里，而是关于一个人是在墙的这边还是另一边。而且，可以肯定的是，我们还没有说过一边是"里"，另一边是"外"。事实上，这种看似不可简化的差异，很快就会成为国际建筑先锋派针对同样的都市生活观念所进行的持续批判的明确目标。[17]关于墙的概念被转移了，并被赋予了前所未有的重要性。建筑居于墙内，但这种栖居方式，这种居所，永远不能采取传统的居住形式。墙是一个界限，但不仅是一个场所的界限。

那么这堵墙是什么？它所建立起来的边界是什么？人们已经不可能把维也纳作为场所、公共的或是私密的空间来考虑，出于同样的原因，也不能把新闻业看作公众观点的传达者。"表达意见是一种私事，"本雅明在谈到克劳斯时写道。[18]然后，媒体还有另外的问题：没有观点只有事实，新闻作为事实存在。同样的道理也适用于建筑，在墙的公共的一侧说着另外一种语言，即信息的面具化语言；另一面则是未被言说的，但这个未被言说的领域是既超乎公共的也超乎私密的。

维也纳人对面具的关注最终聚焦在了内部空间上，甚至更进一步转移到了"私密"空间上。这种空间，不像传统的私人空间那样，即使与公共空间相对立，也无法被简单地定位。汉娜·阿伦特（Hannah Arendt）曾写道，"心灵的亲密"，"不像私密的家庭，在世界上没有客观、有形的位置，社会也无法反对它所捍卫和宣称的那种像公共空间一样的确定性。"[19]当城市不再是一个场所，所有定义城市的表征体系都变成了面具，人们对亲密关系产生了新的关注。的确，有人可能会说，正是面具让这个空间有了内容，让它变得"亲密"。或者更确切地说，正是这种对表面的执着关注构建了亲密。亲密的不是空间，而是空间之间的关系。

以索绪尔为例，他在口语和书面世界之间所建立的激进的分野，是建立在内外之间的空间对立上的，书写是图像、表象、外部、衣装、外观，是言语的面具：[20]"写作*遮蔽*了语言的

28

大学资格考试之后卡尔·克劳斯   29

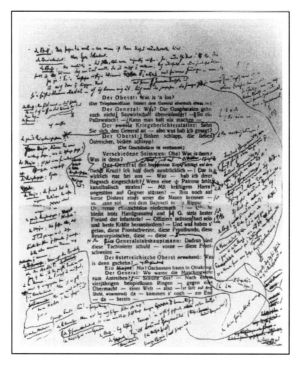

克劳斯的《人类的末日》（*Die letzten Tage der Menschheit*）中一页的修改　　30

外表，它不是语言在逻辑上的伪装，而是一种表象上的*掩饰*。"[21]
但最终，书面词汇和口语词汇交织在了一起。一段在英译本中被
神秘删除的段落中，索绪尔写道："书面语言与口头语言是如此
紧密地交织在一起，以至于它最终占据了主要角色；我们最终认
为语言符号的表现与符号本身一样重要，甚至更重要。*就好像
我们相信，要认识一个人，看他的照片要比看他的面孔更加可
靠*。"[22]这是一个关于伪装的奇怪例子！一张照片吗？一个人是
怎样隐藏在他的面部照片背后的？但索绪尔的例子并非巧合。摄
影的困境永远无法与对空间、语言、时代文化的思考分开。也   31
许这就是为什么路斯在其著名的文章"建筑"（Architektur）中坚
称（这段在英译本中同样令人费解地删除了）室内是无法被拍
摄的："住在我所设计的室内的人们，在照片上认不出他们自己
的房子。"[23]室内以同样的方式被照片伪装起来，对索绪尔来说，
照片的作用就像文字为话语蒙上了面纱。[24]

　　在索绪尔那段被删掉的段落中，"私密的"不是书面文字没
有能够在外部充分表现出来的"内在"，而是被口头语言所忠
实地表达，但在口头文字和书面文字之间混杂了其自身的思想。
索绪尔在这里不仅把书写与外在——思想外部的图像或者其声
音联系起来，而且明确地将其等同于摄影图像。有趣的是，索
绪尔和路斯的论断非常接近西特的论断。西特一直主张，城镇
规划的形式源于对传统（前工业时代）公共空间的"功用"的
观察，有别于那些城市规划者"规范化"和"几何化"的趋势
（这与索绪尔所欣赏的对语言的口语传统及其有别于书面语的
"独立性"明确对应）。正是在这种语境下，西特抨击"现代"
的公共空间只适合作为拍照的舞台："谁会在那里休息，或许坐
在一个孤独的长椅上？——在一个被汹涌车流包围的广场正中，
孤零零地坐在那里，*就像在被拍摄或是被展示似的*。"[25]

　　现代城市空间，与传统的"场所"相对立，无法被经验性
的方式所理解。"室外"不仅是图像，也是一张图片、一张照
片。假如，对索绪尔来说，写作就是话语的照片，那么，对路
斯来说，室内是无法被拍摄的，对西特来说，"现代"的城市空
间是"场所"的照片。"外部"是一张摄影图片，而面具也首先
是一张图片。

Ⅲ   32

"深度必须隐藏。藏在哪里？藏在表面上。"
　　——*胡戈·冯·霍夫曼斯塔尔*，《*友人之书*》（*Buch der
　　Freunde*）

　　"于地形，我只看见沼泽；于深度，我只看见表面；于情
势，我只看见其显现的表象。于此种种，我只看见映像，甚至

那映像，我也只看见其轮廓。"

——卡尔·克劳斯，"在这伟大的时代"

当路斯写道，"这房子不必向外告知一切，相反，其所有的丰富性必须在内部得以呈现[26]，"他似乎是想回应尼采的观点：现代人之所以现代，是拜其内在和外在之间的前所未有的分裂所赐——"无法与任何外在对应的内在和无法与任何内在对应的外在之间存在着显著的对立。"路斯也许并不知道尼采的这段文字，但是这对于他自己所关注的问题在很多层面上是相似的。[27]当尼采接着说到我们现代人已经成为"行走的百科全书"，其外表之下空无一物，除了一个"内在"的标签，他和路斯一样，是在用一个语言的例子来描述一个空间的情况。外部只是书的"封面"，是衣服，是面具。"价值""蕴含在内"。然而，再说一次，没有"外"，"内"也就不存在。这个百科全书的封面，不管它是多么不知名或无标记的，都将其建构为一种内部。但是，除了连续的外–内–外，百科全书的内部是什么？不仅每个词都定义了一个内部、一个空间的"入口"，而且每个词都涉及其他词和其他概念，像迷宫或编织品一样萦绕着空间。这不是一个传统的"内部"。"如果"，如尼采所说，"现代文化本质上是内在的"，在这个意义上，城市的旧秩序，在某种程度上，已经被室内所取代，这个"内部"，比单纯地与外部对立所建立的空间要复杂得多。这就是路斯所谈论的室内的彻底复杂化吗？如果是这样，居住在这个空间里会是什么样的呢？

当路斯写道，"房子没必要向外告知一切"，他认可了建筑在都市中的界限，承认了居于室内和处理外部的区别，但同时他制定了关于这个界限的明确需求，即意味着需要一副面具。内部不需要告诉外部一切。当然，这副面具和他在环城大道（Ringstrasse）的立面上辨别出的假面具并不相同：那种模棱两可的、虚构的语言暗示着在墙的背后应该是贵族居住的地方，而在现实中，那些地方住着"离开熟悉环境的暴发户"。路斯相信，被迫离开定所没有什么好羞愧的；这是现代状况的一部分。他所倡导的沉默不过是对都市生活中精神分裂症的一种承认：内部与外部没有任何关系，因为我们个人化的私密存在已经与社会存在分离了。我们在思想和言行之间，是分裂的。

路斯意识到现代生活是在两个不同的层次上进行的，一个是我们的个人经验，另一个是我们作为社会的存在。因此，他放弃了面具造成的幻觉和对普世语言（世界语）的发明。对路斯来说，试图用内在的体验方式呈现外部是不可能的。它们是两个不可削减且相互依赖的系统。内在讲着文化的语言、体验事物的语言；外在讲着文明的语言、信息的语言。内在是另一种外在，正如体验是另一种信息，文化是另一种文明。[28]因此，换句话说，公共建筑可以从容地表达墙体背后所发生的事情：

阿道夫·路斯，1900年维也纳斯托索（Stoessl）公寓边柜上的黄铜配件

"法院必须给鬼鬼祟祟的罪犯们留下威严的印象；银行大楼必须说：'在这里，你的钱是由诚实的人安全保卫着的。'"[29]在所做的与所告知的之间没有矛盾。

　　房子面对外部的沉默代表着无法交流；但正是这种沉默保护了它无法交流的亲密。此时此刻，沉默也是它的面具。这是一个齐美尔式的面具，齐美尔在他的文章"时尚"（Fashion）中写道，它让室内变得亲密。他还写道："在一座古老的佛兰德房屋的上方，矗立着神秘的碑文：我内心深处还有更多。"[30]

　　路斯正是用齐美尔的话来谈论时尚："穿着天鹅绒西装东奔西跑的人不是艺术家，而仅仅是小丑或装潢师。我们变得更精致，更难以捉摸。原始人必须用不同的颜色来区分自己，*现代人则需要服装作为面具*。他的个性是如此强烈，以至于无法通过服装来表达个性。*缺少装饰是拥有智力的一种表现*。现代人随意地使用过去的和外来的文化作为点缀。他把自己的创造力集中在别的事情上。"[31]路斯不仅将面具与个性联系起来，也将它与创造联系起来："《纯粹理性批判》不可能是由一个戴着五根鸵鸟羽毛帽子的男人写的，《第九交响曲》不可能从一个脖子上戴着盘子大小的颈圈的人那里创作出来。"[32]但是，那些承受了现代社会约束条件的人（流离失所的人、持不同意见的人、旅行者、流亡者、外国人、忧郁的人、没有个性的人）去哪里寻找自己的身份呢？现代人不再受那些固定不变的、永久的事物的保护，不再受那些自我发声的事物的保护，现在他们发现自己被一些毫无意义的事物包围着。路斯说，他无论如何也不能利用这些，强迫这些人说一种虚构的语言，或者建立一种虚假的血统（这正是他指责分离派艺术家企图做的）。现代人，就像艺术家和原始人一样，只能通过触及自己和自己的创造物来恢复宇宙的秩序，并在宇宙中找到一席之地。[33]但是现代人，就像原始人一样，需要一副面具来实现这一点。

　　现代性意味着面具功能的回归。但是，正如于贝尔·达米施（Hubert Damisch）所指出的，在原始社会，面具赋予了佩戴者社会身份，而现代人（以及艺术家本人）则使用面具来掩盖任何差异，以保护自己的身份。[34]路斯将克劳斯对艺术家的定义概括为"现代人"："毫无疑问，艺术家是他者。但正因为如此，他在表面上必须服从别人。他只有消失在人群中时才能保持孤独。如果他通过某种特殊性引起别人对他的注意，他就会表现得很普通，并导致他的追求者找到其踪迹。一个艺术家越有理由成为他者，就越有必要把普通人的装扮当成一种模仿。"[35]对路斯来说，人群中的每一个人都是"艺术家"；表面上顺从，但掩盖了其内在、性取向以及创造力和"发明的才能"。最终，每个人都是一个新的"原始人"，每个人都要戴上面具。但面具的现代功能对路斯而言是原始功能的逆转。原始面具向外界表达了一种身份，事实上建构了这种身份，一种社

阿道夫·路斯，鲁弗尔住宅，维也纳，1922年 　　　　　　　　　36

会身份，而现代面具则是一种保护形式，一种消除外在差异的方式，恰好使塑造身份成为可能，一种现在个人化的身份。

那么现代女性呢？路斯的现代性形象，与大多数现代主义作家一样，都强调男性形象。[36]女人和孩子都是"原始人""粗鄙的野人"。与现代男子的英雄形象不同，他们是原始的"高贵野蛮人"。主体的性别化与面具问题是分不开的。路斯写道："装饰永远服务于女人……女人的饰品……答案，在本质上，是野蛮人的答案；它有一种色情的意味。"[37]装饰，对于"孩子、野蛮人和女人"来说是一种"自然现象"。对于现代人来说，则是"堕落的征兆"：

"最早出现的装饰物，十字架，有色情的起源。第一件艺术品……是为了使他自己摆脱天生的放纵。一条水平线代表躺着的女人，一条垂直线代表穿透她的男人。创造它的人感受到了像贝多芬一样的冲动…… 但我们这个时代的男人，如果在墙上涂抹色情的符号来满足他内心的冲动，就成了罪犯或堕落者。"[38]

当这种"堕落"被明确认定为同性恋时，路斯对装饰的攻击不仅是性别歧视，而且是公开的同性恋恐惧。[39]路斯攻击的主要目标是那些阴柔的建筑师、"装潢师"（分离派运动和德意志制造联盟的成员）、约瑟夫·奥尔布里希（Josef Olbrich）、科罗·莫塞尔（Kolo Moser）、约瑟夫·霍夫曼（Josef Hoffmann）——所有这些"外行""纨绔子弟"和"郊区花花公子们""在女性时装秀上购买预售领带的人"。[40]现代性的问题与性别和性取向的问题是分不开的。

IV

路斯真正的敌人并不是人们普遍认为的奥尔布里希，也不是分离派的成员，而是约瑟夫·霍夫曼。[41]这一点没有逃过他同时代人的注意。正如诺伊特拉（Neutra）所写："在我眼中，或者在他那代人的眼中，霍夫曼是被路斯推翻和试图推翻的教授。"[42]路斯自己在《言入空谷》（*Ins Leere gesprochen*）（巴黎，1921）第一版前言中写道："布鲁尔先生花了大力气收集论文，把它们送到出版商那里，很快收到出版商负责艺术部门的审稿人的一纸通知，告诉他，只有同意修改和删除对约瑟夫·霍夫曼的攻击，出版商才能进行出版——但是这本书从来没有提到过霍夫曼的名字。于是我把这些文章从库尔特·沃尔夫（Kurt Wolff）的出版公司拿了回来。"[43]

但除了他们之间的敌意，路斯和霍夫曼在各自的建筑中所反映出来的不同态度可以视为他们以不同方式来应对同一困境，即私人与公共之间的现代性分裂，以及与之相关的大都市私密空间与社会空间之间的差异。霍夫曼也意识到了现代个体在其私人存在与公共存在之间的分裂，但他是以不同的方式面对它的。对霍夫曼来说，房子被有意地设计成与居住者的"性格"相协调，没有什么比性格更个人化的了。但客户不能以自己的名义在房子里添加物品，也不能雇佣其他艺术家为他这样做。[44]这就是路斯所批评的对象。路斯相信，房子会随着人一同变化成长，房子里所发生的一切都是居住者的事。[45]另一方面，对彼得·贝伦斯（Peter Behrens）来说，霍夫曼因为其对个性的理解而值得赞扬。对贝伦斯而言，房子是一件艺术品。他补充说，霍夫曼的房子在社会生活中获得了意义[46]，这一评论澄清了关于房子要与"性格"相协调的任何可能的误解。霍夫曼说的是一种**社会性格**。一个人不能在他自己的房子上留下痕迹，因为这个房子符合他性格中的那部分在私下里并不属于他：这是社会习俗的形式。

路斯和霍夫曼都认识到，身处于社会之中，人的私属自我和公众自我之间会存在一种精神分裂，就像开会时，一个人不明白别人都说了些什么。这在外国会经常发生，也可以说，无处不在。对于这种隔阂，双方都将建筑理解为一种主要的社会机制，就像服装或礼仪一样，是一种与社会状况交涉的方式。不同之处在于特定的社会策略。对路斯来说，这是一种沉默的策略，但这种沉默并不仅仅是无话可说的人的沉默。路斯设计的房子所具有的内敛特征，它们对外自我封闭的方式，通过沉默使人认识到在不是他自己的语言中无法进行任何对话，是沉默在诉说。这不是传统的沉默，而是对于惯例的拒绝。正如卡尔·克劳斯所写的那样："在这个时代，你不应该指望从我这里听到关于我自己的任何话——除了那些只是为了避免沉默被误解的话语。"[47]

在霍夫曼的建筑中，物体也是自我封闭的，但没有一种内敛的姿态。在这种情况下，它更像是一种以精确的方式解决客体作为一个单体限制的意愿，似乎在担心它会被周边环境的冷漠消极所吞没（注意霍夫曼所设计的住宅的边缘是多么的清晰分明，带着他曾经投注于它们的紧张感而带来的深思熟虑）。但是，一旦这个边界被划定了——这是社会礼仪所强加的距离问题——客体开始对话，除了一系列已被接受的习俗之外，就没有其他内容了。这种诉说没有意义，它无法产生意义；它不遵守某种语言的惯例，说的是一种我们可以称之为被创造出来的一系列惯例的语言[48]——这并不重要，因为它没有交流的意图，只是用形式来填补空白。

对霍夫曼来说，生活是一种艺术形式。而对于坚持揭示空虚的路斯来说，生活是艺术的另一面。贝伦斯在一篇为英语世界所写的关于霍夫曼的文章中说："我感到担忧的是，建筑物在这里被阐述为要从正确的视角来加以考虑：在其中'与众不同'的元素不应该误导任何人认为这是因为做作或者某种欲望故意创造了一些不寻常的东西。"不，这里的不同并不是有意让你震惊。这里没有知识的越界，没有前卫。相反，贝伦斯断言，"他的伟大建筑与优美环境中井然有序的生活所具有的轻松和谐的魅力有着密切的联系。"[49]

对霍夫曼来说，就像对奥尔布里希来说那样，艺术就是教 41育："对于有艺术倾向的人来说，要提供与他们个性相适应的空间，对于其他人来说，是通过艺术化的室内进行教育。"换句话说，就是平等、社会融合、自我赋能。此外，穆齐尔的《没有个性的人》一书中的人物乌尔里希，对这种状况提出了强烈的路斯式的批判：

> "他的头上挂着一句恐吓的谚语：'告诉我你的房子什么样，我就会告诉你你是谁。'这句话他经常在艺术杂志上读到。通过对这些杂志的深入研究，他得出的结论是，毕竟他更愿意把实施自己个性的建筑化完善掌握在自己手中。"[50]

V

路斯和霍夫曼在1870年同一年出生，相隔仅一个月，而且他们出生在同一个地方——摩拉维亚（Moravia），那里当时属于奥匈帝国，第一次世界大战后成了捷克斯洛伐克的一部分。两人最终都在维也纳去世。

如果有人把媒体当作镜子式的真实写照（只有小心谨慎才能做到），可以看出霍夫曼和路斯的道路是完全相反的。是路斯而非霍夫曼，成为最近在大西洋两岸批评文章中占据更多篇幅的维也纳人。这种关注与霍夫曼那个时代建筑出版社对于他这个人物的关注度相映成趣，在那个时候路斯被或多或少地忽略了。[51]而这一切，自然地，与霍夫曼在各种建筑生产和再生产协会中占有更强大的地位，以及他建造实施其设计的异常成功的事实是相吻合的。[52]

霍夫曼作为公众人物的地位的下降[53]，与路斯开始获得世 42人认可的时间几乎是一致的，就像所有预言者不是出现在维也纳，而是在巴黎一样，在靠近《新精神》（L'Esprit nouveau）的圈子里。1912年，赫尔瓦特·瓦尔登（Herwarth Walden）在《暴风雨》（Der Sturm）杂志上刊发了五篇路斯写的文章，正如雷纳·班纳姆所言，能够刊登在《暴风雨》的页面上，就意味着拥有了有限的但国际化的读者。正是通过这个渠道，路斯的言论传到了巴黎，他在那里再版了他的著作，并受到了达达主义者的赞赏。空间上的距离使路斯成为主角，正如后来时间上的距离一样；但在一个时刻和另一时刻之间，存在着的不只是巧合的关系，因为在今天，路斯除了在知识界，还在哪里被认可呢？同样是有限的但国际化的受众，从某种意义上说，他们是早期先锋派的继承者。[54]

人们对霍夫曼的兴趣有了一定程度的增长，这点也很明显。在文化再生市场上，他的名声在20世纪80年代又有过短暂的增长，不过我不会在此进一步讨论。[55]霍夫曼与路斯之间的对称性关系引起了我的兴趣，因为它指向了这样一个主题：媒体即建筑杂志是如何开创了一种用文字、图画和照片来**创作**（producing）建筑的机制，以及媒体在一个结构性地与永久事物和物质材料相联系的行业中可能会造成的后果。路斯没有放过这个主题，他一再攻击杂志的操纵举动，提出了作品不朽的终极论点。在其文章"建筑"（1910）的第一个英译本中，有一个明显被删除了的段落，在其中他写道：

"我最自豪的是，我所创造的室内在照片中是完全无效的。我不得不放弃在各种建筑杂志上发表的殊荣，我拒绝满足自己的虚荣心。因此，我的努力可能是无效的。没有人知道我的工作，但这正是一个标志，表明我的想法是有力量的，我的教义是正确的。我，一个没有发表过文章的人，我的努力不为人所知，却是万中之一的有真正影响力的人……只有榜样的力量会产生影响。过去的大师们在对地球最遥远角落产生影响时所使用的那种力量是有效而迅速的，尽管或者尤其是因为当时还不存在邮件、电报或报纸。"[56]

因此，建筑是与其他信息传播方式相对立的，它们更加抽象，与时代更加同步。尽管如此，建筑本身还是在交流。但是，为什么路斯不提印刷的文字呢？我将稍后再回到这个问题。在这里，我感兴趣的是路斯关于出版和建筑的论点，与他更广为人知的关于装饰的论点类似。

即对于路斯来说，装饰使艺术成为商品。他所说的"装饰"指的是那些被"虚构"出来的东西，而不是源于真正的情欲冲动或恐怖的空虚，也就是我们今天用其他更复杂的方法克服的情绪。但是路斯问道，十年之后霍夫曼的作品将会在哪儿呢？[57]

出版，就像装饰一样，通过将建筑纳入商品的世界，通过崇拜它，破坏了它超越的可能性。建筑杂志以其图文并茂的火炮攻势，将建筑转化成为一种消费，使其在世界范围内传播[58]，仿佛它突然失去了质量和体积，也就这样消费了建筑。这不是关于媒介转瞬即逝的特点的问题（显然，路斯并不反对写作）。对路斯来说，问题在于摄影无法诠释建筑；否则，后者可以在前者中存在。路斯写道，"好的建筑可以被描述出来，但不能被描画出来"，甚至"好的建筑可以被书写出来，你可以书写帕提农神庙。"[59]他早在本维尼斯特（Benveniste）之前就认识到，唯一有能力阐述另一套符号系统的是语言。撇开语言诠释建筑的困难不谈，路斯意识到摄影让建筑变成了某种他者，并将其转化成新闻。而这种新闻，除了其所指涉的事实以外，其本身是一个事件，就是克劳斯说的"事实"。

正如艺术作品不同于有用的事物，建筑也不同于关于它的新闻。试图掩盖两者之间的界限，对于路斯来说，就是做"装饰"。

VI

班纳姆写道，当路斯到达巴黎时，他已经出名了。但他这时的名声是因为他的写作，而不是建筑，因为其中一些文章已在法国出版；而他的建筑似乎只有一些人通过道听途说得知。路斯可能会喜欢这样的评价：他的建筑是通过口耳相传而为人所知的，就像那些"在没有邮件、电报或报纸的时代的古代大师"一样。但是，为什么路斯这样一个把建筑放在所有其他使场所变得抽象的交流方式的对立面的人，却不谴责印刷出来的文字呢？为什么当它被精确地印刷出来时，这项技术能够传递事物的体验，可以让我们做最初的准备去"行动而不作出反应"[60]，什么时候印刷可以提供这样一种基础：从场所起飞出发，在旅程结束时将世界变成降落的跑道而非其他的东西？

对于路斯来说，印刷出来的文字只能通过恢复"常识"、去智识化的平实写作、把语言还给文化来进行交流。德语中以大写字母书写名词开头的习惯，被路斯视为典型的"在德国人头脑中出现的在书面语和口语之间的深渊"："当德国人手里拿起一支笔，他就无法像他所想所说的那样写作了。写作的人说不出话；说话的人无法写作。最终，德国人什么也做不了。"[61]

时至今日，他的文章仍然比他的建筑更出名，因为没有人敢在不依赖前者的情况下解读这些建筑。这种情况很少发生在其他建筑师身上。但是这些文字真的能解释他的建筑或是他作为一个人物吗？本雅明写道：

"以信息代替了旧的叙事，以感官刺激代替了信息，反映了体验的日益萎缩。反过来，在所有这些交流形式和作为最古老的交流方式之一的故事之间存在着鲜明的差异。故事的目的并不是传达发生的事件本身，这是信息的目的；相反，它嵌入讲故事的人的生活中，是为了把它作为经验传递给那些听故事的人。因此，它承载讲故事的人的生活印记，就像陶器留下了陶匠的手的痕迹一样。"[62]

路斯的著作也有这种古老的形式；像本雅明作品一样，它们有一种近乎"圣经"式的结构。在这些作品中，人们可以从任何一处开始阅读，但仍然可以感受到整体性的美。就像口头交流一样，这个问题和它的解决方法在讨论之初就有所触及，然后信息被一次次地传达，就像处于螺旋的同心环之中。[63]尽管看起来冗余，但人可以一遍又一遍地读这样的文字，而不感到厌倦，因为不管阅读多少次，永远都不可能和之前读的时候理解的一样。这是需要人"**进入**"（entry）的文字。通过进入，人们可以从每一次阅读中获得一种独一无二的经历。这样的写路斯在巴黎索邦大学（the Sorbonne）的系列讲座海报，1926年，标题为"有现代勇气的人"（The Man with Modern Nerves）

作总是很"现代"，就像路斯的住宅一样，因为它需要人进入其中才能明白，就是把它变成属于他或她自己的体验。

"任何人（都能）注意到……
建筑在照片中比在现实中更容易被理解。"
——瓦尔特·本雅明，"摄影小史"（A Small History of Photography）

当杂志使用摄影作为媒介时，杂志上的建筑会是什么样的呢？建筑的摄影化转换是仅仅以一种新的视角呈现它，还是在建筑所理解的空间和摄影所隐含的空间之间存在一种更深层次的转换、一种概念上的一致？它与大众的关系是通过它的复制而改变的，这一事实难道不也预示着建筑的特征在本雅明的认识上会有所改变吗？

摄影与铁路几乎同时诞生。两者手拉着手地演进——旅游的世界就是照相机的世界——因为它们有相同的世界观。铁路把世界变成了商品，它使场所成为消费的对象，并在这样做的过程中，剥夺了它们作为场所的品质。漂浮在世界上的海洋、山脉和城市就像世界博览会中的展品一样。苏珊·桑塔格说："照片似乎不是关于世界的陈述"——不像文字或手工制作的视觉陈述——"更多的是世界的碎片，是任何人都能做出或获得的关于现实的微缩品。"[64]摄影对于建筑的作用就像铁路对于城市，将其转化为商品，通过杂志传播出去，让大众来进行消费。这就为建筑的产生增加了一种新的语境，与叠加在建筑空间之上的独立的使用周期相一致。

但除此之外，铁路把场所变成了非场所，因为它把自己塑造成一个新的界限，而之前的建成客体就已经这样做了；但由于铁路是流动的边界，它实际上消除了内外之间旧有的差异。人们常说火车站是旧城门的替代品，但它们其实是取代了**边境**（frontier）的概念；它们不仅没有划分出城市肌理的边界，而且忽略了城市本身的肌理。铁路，只知道出发点和到达点，把城市变成了一个个的点［如阿图罗·索里亚·伊·马塔（Arturo Soria y Mata）所理解的，他称那些存在过的"过去"的城市是很多的"点"，而非它们看上去更像的"污迹"］，与图解化的铁路网络相连，现在成为一种领域。这个空间的概念与空间作为一定范围内的围合的概念毫无关系，后者是希腊人连同古希腊集会广场一同留给我们的概念。这是一种只认可点和方向，不认可中空以及围绕着它的部分的空间，一种不关注界限，只关注关系的空间。

摄影参与了这个空间概念，因此它能够再现它（而不是将

50

乔治·R. 劳伦斯（George R. Lawrence）的1400磅（约635公斤）重的照相机，1895年   48

蒙帕纳斯车站（Montparnasse Station）发生事故，巴黎 49

空间构想为一个容器）。摄影与铁路共享了一种对于场所的"无知"[65]，而这种"无知"对相机拍摄的物体产生了一种类似于铁路对其所能到达的点的影响：它剥夺了它们作为事物的特质。

路斯明白这一点，他写道，住在他设计的室内的人在照片中认不出自己的房子，"就像拥有莫奈画作的人在卡斯坦（Kastan）认不出他的画一样。"[66]沙赫尔（Schachel）在其对路斯著作的注释中告诉我们，"卡斯坦"是在维也纳蜡像博物馆里的一幅全景画的名字。[67]因此，卡斯坦不在任何地方，它是一个想象的场所的再现。这就是为什么拥有一幅莫奈作品的人无法在那里认出它：因为对他来说，他所拥有的莫奈作品是作为一个客体、一个事物存在的，而不是作为这个客体的一种观念存在的。将客体从永远是客体自身的一部分的场所中分离出来，意味着一个抽象的过程，在这个过程中，客体失去了它的氛围，而无法被识别出来。[68]

西特讨厌摄影和其他导向摄影的抽象形式，对他来说，摄影意味着一种不真实的感觉，它创造了一个不在任何地方的场所。在他的论述中，西特采取了与路斯相反的路线：在一个"几何"空间中（西特观念中的几何），事物变得**不真实**（unreal），因此只适合作"摄影模型"或"展品"。[69]

这一切中一定有一些是由最早的摄影师凭直觉得出的，他们从一开始就使用透视法，好像这是最自然的事情。很明显，通过后来对曝光时间的要求，他们的拍摄对象需要一些东西来依靠，但这并不能解释为什么柱子落在地毯上，或者为什么，面对虚幻的抵抗——"任何人都相信大理石柱或石柱永远不会从地毯的基础上升起"——摄影师会退回到工作室，在闲暇中再造一个假想的宇宙。[70]现在只有狂欢节摄影师还在使用布景透视法。不然，我们就不需要道具。任何东西都可以拿来用，即使是现实本身，尤其是当现实几乎等同于道具，在什么地方也都不再重要时。[71]

对本雅明来说，摄影在"狂欢节"和"阐释的世界"中得到用武之地，但它却有一段艰难的时光——路斯认识到——把空间再现为Raum，描绘一个空间，尽管不断地使内外之间的差异复杂化，但仍然依赖于这种区别。西特的广场和路斯的空间设计（Raumplan），是通过被围合在其中的人而非穿越其边界的人的感知来定义的空间。

路斯不可拍摄的建筑是由内而外构思的，而霍夫曼的建筑是由外而内构思的。吉迪恩总是如此富有洞察力，他在简要地描述斯托克雷特宫时说："这位银行家的家，其平坦表面是由白色大理石板构成的，却被作为镶嵌画一样地处理。"[72]

当人们在杂志上看到霍夫曼这座（非常上镜的）住宅时，最值得注意的是，人们不得不去看它，因为他的建筑是在那里、在页面上被创造出来的——也正是在这一刻，人们会怀疑所看

弗朗兹·卡夫卡（Franz Kafka），1888年，佚名摄影师拍摄 52

阿道夫·路斯抓着一把索耐特椅（Thonet Chair），佚名摄影师拍摄　　　53

卡夫卡和其他人在一架飞机上，维也纳普拉特公园，1913年 54

约瑟夫·霍夫曼与他的合作者（从右至左）卡米拉·伯克（Camilla Birke）、希尔德·波尔斯 　 55
特雷（Hilde Polsterer）、克里斯塔·埃利希（Christa Ehrlich）坐在飞机上，巴黎，1925年

的到底是一个建成品还是一个模型。它没有重量；飘浮着；缺乏物质性的存在；它是一个盒子，墙围绕着空间，而不是一个从建筑材料中挖出来的空洞。这里没有什么东西——可以使用那个时刻的概念来说——是"雕塑性"的。[73]

与纸板模型的混淆涉及的不仅仅是空间的概念。在这栋房子里，发生了一些类似于用剪纸的方式来制作纸建筑的事。至于墙是内墙还是外墙，表面是否与屋顶或厨房地板相对应，覆盖这些表面的材料存在什么差异，一个元素是支撑体还是被支撑体，比所有这些更重要的是剪切口之间的连接。当它们还在纸上的时候，在被剪掉之前，人们可以非常清楚地理解这一点。每样东西都与其相邻的东西有关，就像在一行文字中，一个单词与接下来的单词有关一样。所有的东西看起来都是缝合起来的，就像一个诡谲多变的叙事，把最不相干的事物联系在一起，而在剪纸上是用一行黑点来表示，标示出纸张需要被折叠的线。

在斯托克雷特宫，这种"叙事"是不知疲倦地沿着其所识别的每个平面边缘延伸的金属线，无论它是在边缘上升还是转弯（因此将两个直角平面缝合在一起）；无论是否作为某种檐口给立面加上顶饰，并延伸到它遇到的每一个窗口的路径上。窗户也被这个条带框起来；无论这条无处不在的线是否围绕着楼梯井，并在这样的过程中缝合层叠楼层平面，就像缝在夹克上的口袋，或者，以另一种方式，下降到它的水平基准面，从而做出关于踢脚板的暗示。所有这些都暗示了另一个游戏：如何能在不把铅笔从纸上拿起来的情况下做出这样一个图形？

在斯托克雷特宫的室内中，有一种耳语的感觉。彼得·贝伦斯评论说，令他印象最深的是大厅，让他觉得"好像在里面说话不能太大声。在这里，虽然上千种线条、形式和颜色的起源各不相同，但它们被结合在一起，构成了一个统一的整体。"[74]在这里，同样的条带在窗间壁上下贯通，将阳台分成几个隔间，使它看起来好像不是阳台，而是悬浮在窗间壁之间的板［塞克勒（Sekler）］。同样的装饰手法出现在了吊灯上；之前哪见过什么修饰手法会比维特根斯坦的修辞法更极端？同样的手法也出现在霍夫曼的铺地上，用了正方形的瓷砖，比说明一个人应该如何移动更进一步的是，其最终给人一种印象，移动的不是自己，而是脚下的东西。没有任何东西是任其自然被放在那儿的。制作的家具与空间本身具有同样的品质；这里没有任何东西是"雕塑性"的，没有任何东西能揭示出空间与其居住者之间的任何差异（勒·柯布西耶曾专注于这个主题）。对霍夫曼来说，空间和家具是一个整体的一部分，它们是空间的居民，一个是另一个的面具。

斯托克雷特宫的墙壁就像吉迪恩所说的"镶框画"。它们是扁平的表面，因为"画框"把它们界定为构件而在某种意义上是独立的。但由于在这些墙壁上，框架与划分它们为平面的边

57

约瑟夫·霍夫曼设计的斯托克雷特宫和特鲁伦街（Avenue de Tervueren），布鲁塞尔，1911年　　58

斯托克雷特宫，立面装饰模板细节

斯托克雷特宫，厨房设计 60

缘重合，从而将它们与相邻的平面区分开，因此它们既相互独立，又与相邻的平面相连。同样的模具造型，同样的金属条带，用线框赋予它们存在，也把它们与相邻的表面联系起来，从而形成了一个三维的模型——一个盒子。

所有这一切在盒体的边缘产生了一种张力，这样做削弱了整体感，并让观察者产生了一种印象：墙壁可以很好地展开，失去了由它们所组成的立方体赋予它的稳定性；这是一种关于展开的预感，通过展开，它们将恢复到原来的状态（霍夫曼设计的一把椅子给人同样的印象，即它被设计得像是铅笔还没从图纸上拿下来）。现在，在同一平面或同一张图纸上可以同时找到墙、屋顶和楼层的平面图。每一个都对应于它在图纸上所表现的对立面。穿过内部就是外部，[75]这是一个空间概念，与整个技术领域——铁路、摄影、电力、钢筋混凝土——相一致。这个空间既不封闭也不开放，但建立了点和方向之间的关系。

引用艺术史学家奥古斯特·施马索（August Schmarsow）的评论，彼得·贝伦斯认为："建筑是定义空间的艺术，是通过稀疏的几何形式实现的；而雕塑，这种体量和占据空间的艺术，成了其塑形的对等物。"[76]当贝伦斯说这话的时候，他也在思考——这一直是他最喜爱的主题——交通技术对视觉感知的影响，以及让建筑适应这种新的观看方式的必要性。对他来说，由未详尽规划的平面构成的简单形式，是与一个快速运动的时代相对应的。[77]

在一张1894年奥托·瓦格纳（Otto Wagner）设计的卡尔广场车站（Karlsplatz Station）的照片下面，吉迪恩重申了瓦格纳的预言："新建筑将以板状的扁平面层和在纯粹状态下突出使用材料为主"[《现代建筑》(*Moderne Architektur*), 1895]。

VIII

"一个真正能被感觉到的建筑作品的标志是：它在平面图中是失效的。"

——阿道夫·路斯

霍夫曼的建筑不仅在平面图上，而且在关于其自身的摄影记录上，都传达了最强烈的印象。它不仅是一个主要从视觉角度来体验的建筑，而且因为它强调平面化的、二维的方面，似乎需要通过单眼的、相机镜头这样的机械之眼来体验。或许路斯是在思考霍夫曼的时候写下了这些文字："有些设计师所做的室内，不是为了让人们在其中生活得更好，而是为了让他们在照片中看起来更好看。这些就是所谓的平面设计化的室内，其由光影线条构成的机械化的集成最适合另一种机械装置：暗箱。"[78]

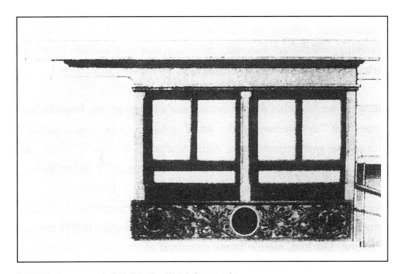

阿桑平克（Assanpink）客舱的细节，美国火车，1855年   62

奥托·瓦格纳，卡尔广场火车站，维也纳，1894年

所谓"真实地感受到"，路斯指的是对空间的感知，不仅包括视觉（人类的视觉，两只眼睛），还包括其他感官。路斯坚持认为，这是一种感知方式，对应于建筑的机械复制时代之前的时代。在他看来，这是空间被认为具有建筑性的唯一标准。在所有的感官中，路斯认为触觉是最重要的："摄影呈现非实体的东西，而在我的房间里，我想要人们能感受到周围的物质，并对他们产生影响，让他们感受围合的空间，感觉到布料、木材。最重要的是，用*视觉*和*触觉*感官去感知它，让他们敢于舒服地坐着，通过一大片身体外部感官的区域去感觉到椅子。……我怎样才能用一张照片向别人证明这一点呢？"[79]

对路斯来说，绘画和建筑的关系、建筑和摄影的关系，都是一种转译。绘画和摄影都不能充分地转译建筑。"每一件艺术品都遵循一个强大的内在法则，即它只能以一种形式出现。"像部雷（Boullee）和休·费里斯（Hugh Ferriss）那样的建筑师所希望的那样，"已经在绘画中"存在的建筑是不可能的。在路斯看来："在一种艺术中构思出来的东西，在另一种艺术中却无法显露出自身。"绘画和建筑是不可简化的系统："假如我能从同时代人的脑海中抹去最有力的建筑事实——皮蒂宫（Pitti Palace），而让最优秀的绘图员把它作为一个竞赛项目绘制呈现出来，那陪审团就会把我关进疯人院。"反过来也是不可能的："如果一幅建筑图本身就是一件平面艺术作品，而它却要用石头、钢铁和玻璃建成，也是一件可怕的事情，因为在建筑师中真有一些是平面艺术家。"[80]

对于路斯来说，建筑图纸最多只能算是一种技术语言："真正的建筑师是一个根本不需要知道如何绘画的人；也就是说，他不需要通过铅笔笔触来表达自己的内心状态。他所谓的绘图只不过是为了使自己能被从事这项工作的工匠所理解。"[81]（请再次注意与索绪尔的表述相类似之处："语言和文字是两种截然不同的符号系统。**后者存在的唯一目的是代表前者**。"[82]）建筑是交流空间体验的具体手段。建筑制图是一种抽象的，也就是说，技术的、沟通的手段："建筑师首先感知到他想要产生的效果，然后将他想要创造的空间视觉化。"[83]只是因为劳动有了社会分工，建筑师才需要去绘图。这种分工存在的事实——也是一种双语现象，即信息的语言与经验的语言是分离的——不鼓励不可能的伪转译。对于路斯来说，我们生活在一座荒谬的巴别塔中；我们作为抽象的头脑所能理解的，即作为一种集体存在，无法再被我们个人化地理解。

如果我们把路斯的思考作为建筑的逻辑结论，那么，建筑只能反映现代文化的分离性，它绝不能尝试不可能的综合。信息是经验的他者，生活是艺术的他者（"任何有目的的东西都应该被排除在艺术领域之外"），文化是文明的他者，个人是社会的他者，内部是外部的他者。但正如我们所见，这些关键的区别都不是简单的。它们可能一开始看起来是如此，但近距离观察，它们是无限复杂的。我们必须详细探讨这些复杂的问题，因为它们从一开始就是建筑性的。

举个例子，比如路斯所仰慕的语言学家雅各布·格林（Jacob Grimm），路斯正是从格林那里接受了放弃德语名词大写的想法。在路斯为《言入空谷》所作的序言中，他引用了格林的一段话，在这段话中，他不仅把大写字母认定为"装饰"，还移除了建筑术语中的装饰，"如果我们已经去掉了房屋的山墙和突出的椽子，去掉了头发上的粉末，为什么要在写作中保留这些糟粕？"[84]假如格林和索绪尔会用建筑术语说一种语言，那么几乎关于路斯的一切都可以在这种语言学的答案中被解读。对路斯来说，由建筑师设计的房子是一种不受欢迎的"呐喊"，它改变了山间湖泊的宁静。而这种呐喊，和在蒙克的作品中一样，是无法用言语表达的。"建筑师来自城市，他没有文化，是个暴发户。我把文化称为内在与外在的平衡，只有这种平衡才能保证合理的思想和行动。"[85]

路斯意识到，在他的文化中，客体已经失去了它们直接的意义。分离派的艺术家们将客体作为其内部状态的象征性表达证实了这一点。但是，如果客体失去了意义，对于路斯来说，问题不在于让它们统一语言（说世界语），而在于努力区分它们。

这一思想在卡尔·克劳斯的著名表述中得到了体现："阿道夫·路斯与我所做的一切，他从字面上而我从比喻上，都是为了表明夜壶和骨灰罐之间是有区别的，在这种区别中，文化留下了一点小小的空间。至于其他的、'积极的人'，则需要在那些把夜壶当骨灰罐用的人和把骨灰罐当夜壶用的人之间进行区分。"[86]

文化与差异，这是路斯思考的主旨。装饰只能解读为隐喻，是所有那些试图混淆界限，所有不必要的词，"所有超出其意义条件的词，"[87]甚至所有不必要的元音："26年前我说过，随着人类的进化，装饰将从消费品中消失……这种演变就像口语（德语）中元音从最后音节中消失一样自然。"[88]装饰地位的转变涉及知识地位的转变："艺术来自知晓秘诀〔在德国，艺术来源于了解（Kunst from können）〕。但至于那些业余爱好者，当他们在舒适的工作室里，想为艺术家、制作者规定和勾画出其应该做的事情，还是让他们待在他们自己的领域——平面艺术那里吧。"[89]

在冷漠的文明中，知晓是一种冒犯。提炼是知识的一种形式。对路斯来说，图形艺术的叙事是无知（愚昧），是装饰。路斯的室内是保守的，同时也是隔离的。它们保守，因为它们符合传统的舒适观念。在他的房子里，很容易让人想象出许多场所，一个人可以根据自己的心情、一天中的某个时刻、对一个可以供给、交流和保护的空间的渴望，把自己藏起来。在霍夫

67

曼的房子，人们可以立即想到如何穿过它们，但很难想象如何实际使用这些空间。这并不是说人会感觉到被排斥在这些空间之外；通过仪式化的方式，它们把人纳入其中。

IX

本雅明引用了西奥多·赖克（Theodor Reik）的一句话，大意是"记忆力（Gedächtnis）的功能是保护印象，而回忆（Erinnerung）的目的是破坏印象。""记忆本质上是保守的；回忆是破坏性的。"本雅明提出的问题是，哲学如何试图"抓住'真实'体验，而不是体现在文明大众的标准化的、变质的生活中的那种体验。"[90]本雅明谈到了两种体验；事实上，他使用了两个不同的词，Erinnerung和Erlebnis。两者都是"体验"的意思，但在本雅明这里，Erinnerung 被用作"原始体验"，也就是说，没有意识介入的体验；Erlebnis是"经历过的体验"，可以说是一种发展的意识"参与"了的体验。在区分体验的过程中，本雅明也提到了柏格森、普鲁斯特和弗洛伊德。[91]

照这些说法来看，赖克对保守记忆和破坏性记忆的区别定义完全一致，这引起了路斯的兴趣，仍然是在"建筑"一文中，他写道：**艺术作品是革命性的，房子是保守的……艺术作品的目的在于打破人的安逸自满。**"与赖克表述的相似性是非常明显的；路斯也在区分记忆和回忆："因此，房子，"他继续说道，"与艺术无关，建筑难道不应该被归类为艺术吗？这就是如此。只有很少一部分建筑属于艺术：坟墓和纪念碑。"坟墓和纪念碑是记忆的场所："如果我们在森林中发现一座6英尺（约1.8米）长、3英尺（约0.9米）宽，用铲子堆成金字塔形状的小山，我们会变得严肃起来，内心会有某种声音说：'有人埋在这里。'这就是建筑。"[92]

作为集体的存在，对路斯来说，我们只能以建造坟墓和纪念碑的方式来创造建筑。只有在这两种形式中，一种"包含仪式元素"的体验才可能发生，这是一种与危机隔绝的体验，因为它们唤起了一个时间之外的世界，因此超越了理性。

X

"那曾经给古人以基础、给基督徒以穹拱曲线的艺术，现在要被转移到用于装饰盒子和手镯去了。这个时代比我们想象的要糟糕得多。"

这段引自歌德的话出现在路斯的文稿"文化堕落"（*Cultural Degeneracy*，1908）中，在文中他批评霍夫曼和德意志制造联盟（Werkburn）成员在区分艺术与日用品（消费品）上的混乱："这个联盟的成员是试图用另一种东西取代我们当代文化的人。我不知道他们为什么这样做，但我知道他们不会成功。谁要是想把他那胖乎乎的手伸进时间车轮的辐条里，那只手就会被废掉。"[93]

对此，贝托尔特·布莱希特（Bertolt Brecht）写道（本雅明援引的一段）："如果'艺术作品'的概念不再适用于新出现的东西，一旦作品变成了商品，我们必须小心谨慎但毫无恐惧地去除这个概念，以免我们把它本身的功能也破坏掉。"[94]而本雅明则写道："通过绝对强调其展览价值，艺术作品成为一种具有全新功能的创作，在其中我们意识到的艺术功能，以后可能会被连带地认可。"[95]

机械复制通过改变大众与艺术的关系，从本质上改变了艺术的性质。但是，将建筑转变为物品可能意味着什么呢？

当然，这肯定与感性的变化所引起的大众渴望事物的靠近，去占有它们的欲望相关。霍夫曼设计的物品回应了这种社会状况。它们是建筑面向大众的努力的一部分。将建筑表现为一个物品，把这个物品同化于其图像中，就是使它更易被理解。"由于它们的易理解性，物品减少了人们对于末日未来的恐惧"（G. C. 阿尔甘）。"在过去，对现实的不满表现为对另一个世界的渴望。在现代社会中，一种对现实的不满是通过渴望再现这一现实而强有力地、以最难以忘怀的方式表达出来的"（苏珊·桑塔格），也是通过难以控制的欲望来利用它的片段。"当代大众渴望在空间和人性上'拉近'事物的距离……他们同样热切地致力于通过接受每种现实的复制来克服其独特性。每天这种欲望都更加强烈，想通过其相似性及其复制品在非常近的距离内抓住一个物体"（本雅明）。[96]

在霍夫曼那里，每种事物都被做成了物品："烟盒的珍珠母贝和乌木被用来与斯托克雷特宫外的大理石立面和金属铸件相比较。首饰盒镶嵌着风格化的植物图案，与微型亭子的比例相同，而它的盖子像檐口一样突出……人们很容易将霍夫曼在花瓶和植物搁架上使用穿孔金属板的做法，看作对纸张原始网格的大胆三维投影，使得设计和物品成为一体。"[97]对于路斯来说，霍夫曼之所以做装饰，并不是因为他使用了装饰物，而是因为他看到了存在的差异的连续性。物品与其制图相混淆，房子与其模型相混淆，模型与其照片相混淆，在后者中，如果不是它的说明告诉我们它的材料、尺寸，以及它是什么，我们将什么也认不出来。

另一方面，路斯的立场是一种对由消费引起的平均化的抵制。"这座建筑矗立在我们的子孙后代面前，从那一刻起，我们可以向自己解释为什么要建造这座建筑。尽管在我们的时代发生了种种变化，但建筑将永远是所有艺术中最保守的。"[98]

或者像瓦尔特·本雅明所写的那样：

"从远古时代起，建筑就一直是人类的伙伴。许多伟大的艺

70

71

术形式发展了又消亡。悲剧始于希腊人，又与他们一同消亡，几个世纪后，悲剧的'法则'才得以复兴。这首起源于各民族青年时期的史诗，在文艺复兴末期于欧洲绝迹。嵌板绘画是中世纪的产物，没有什么能保证它不间断地存在。但人类对庇护所的需求是持久的。建筑从来没有闲置过，它的历史比任何一种艺术都要古老，作为一种活的形式，在理解大众与艺术的关系方面都具有重要意义。建筑以两种方式被占用：通过使用和感知——或者更确切地说，通过触摸和视觉。这种占用不能理解为游客在一座著名建筑前聚精会神地观看。"[99]

这不该与对旅游业开始之前的时光的怀旧相混淆，对那种"有益健康"、所体验的就是被体验到的纯粹体验的怀旧相混淆。本雅明似乎表达了与路斯相反的情绪，他写道："任何人都会注意到，一幅画，尤其是一座雕塑或建筑，在照片中比在现实中更容易被理解。"[100]如今，与游客分离的相机创造了唯一的"真正的"建筑感。建筑是由没有场所的媒介所安置的。在他表达最明确的建筑文本"体验与贫穷"（Erfahrung und Armut）中，他说："体验的贫乏，不应该被理解为人们渴望一种新的体验。**不，他们渴望把自己从体验中解放出来**"（加了强调）。然而，正是在这篇论述体验的文章中，本雅明引用了路斯的话，这位"现代建筑的先驱（写道：'我只为拥有现代情感的人写作。至于其他的，我就不写了。'"[101]

XI

对本雅明来说，建筑提供了一种（古代）艺术的模型。对这种艺术的接受是集体发生的，而且处于一种注意力分散的状态，这种接受是以"在电影中找到它真正的运用形式"的方式发生的。电影中的"分散注意力的元素"也"主要是触感上的"。它像"子弹"一样"击中"观众。不像画那样"吸引观众去沉思"，在"电影景框"前的观众无法再这样做："他的眼睛刚抓住一个场景，场景就已经改变了，它无法被捕捉到。"这就是电影的触感。

这是人们在大城市、百货公司、火车上的一种感知形式……甚至在现代建筑中也是如此，但在传统建筑中却并非如此："电影是一种艺术形式，它与现代人类不得不面对的日益增长的生命威胁保持一致。为了适应造成威胁的危险，人类需要把自己暴露在冲击效应中。"[102]震惊是现代体验（Erfahrung）的特征。"Erfahrung"这个词在词源上与危险有关。爱德华多·卡达瓦（Eduardo Cadava）在谈到本雅明的"体验有什么特征"时写道："严格意义上，体验被理解为危险的穿越，穿越地狱——体验的特征是它没有保留其自身的痕迹：……在这种体验中被经历的事情是没有被体验到的。"[103]

在所有体验里，首当其冲的是战争体验。"从1914年到1918年，这一代人经历了世界史上最残酷的经历，"本雅明写道："他们从战场归来，变成了哑巴。不是富有经验而是缺乏交流经验。在有关战争的书如雪片般纷至沓来十年后，除了口耳相传的经历，什么也没有了。"[104]

本雅明写道："大众运动通常用相机看会比用肉眼看得更清楚。"但这难道不是他在评论"在照片中领会建筑比在现实中容易得多"时使用的惊人的相同表述吗？因此，我们应该密切关注本雅明接下来所说的："这意味着包括战争在内的群众运动，构成了一种特别偏爱机械设备的人类行为。"[105]我们是否可以得出这样的结论：建筑是一种偏好机械设备的形式？建筑和战争有什么关系？当然，看看这些术语中的建筑先锋派就会发现，现代建筑之所以成为"现代的"，并不像人们通常理解的那样，不仅仅是通过使用玻璃、钢铁或钢筋混凝土，而是通过与大众媒体的新机械设备——摄影、电影、广告、宣传、出版物等——的结合。此外，这种结合不能被认为是发生在战争之外的。事实上，这从一开始就是一场军事行动。先锋派正是这场既是宣传的又是军事的战役中的先驱者。现代建筑必须作为战争建筑被重新思考。从这个意义上说，那些对现代建筑进行反思的历史学家和批评家，首先应该是战地记者。战场即市场，而武器，就像在每一场现代战争中一样，就是新的传播技术。正如卡尔·克劳斯在"在这伟大的时代"一文中所言，战地记者是一个"考察战场是否适合市场的旅行推销员"："旅行推销员现在必须做的就是不断地试探他们的客户！人类是由顾客组成的。"[106]

约·埃克斯辛格（Joh. Exinger），路斯发表在期刊《另一个》（*Das Andere*）上的唯一一张照片

摄影

　　吉加·维尔托夫①的电影《持摄影机的人》中有这样一幕：一只人眼叠加在照相机镜头的反射图像上，这恰恰表明了一点，即照相机——或者更确切地说，伴随着它的世界观念——使它自身从古典和人文主义的知识中分离出来。

　　摄影的传统定义，即"真实场景的一种透明的呈现"，隐含在由相机暗箱的类比模型所建立的图解中——这种模型会假装向主体呈现其外部现实的忠实"复制"②。在这个定义中，摄影被投入古典的、再现的系统中。但维尔托夫并没有以一种现实主义认识论的方式，把自己放在镜头后面并将镜头作为眼睛。他把镜头当作一面镜子：走近相机，眼睛首先看到的是其自身反射的影像。

---

① 吉加·维尔托夫（Dziga Vertov，1896—1954年），苏联纪录片的先驱、纪录片导演和电影理论家。他的电影实践了当时流行的真实电影，以及创立了吉加·维尔托夫集团。——译者注
② reproduction，为与representation作出区分，译为"复制"。——译者注

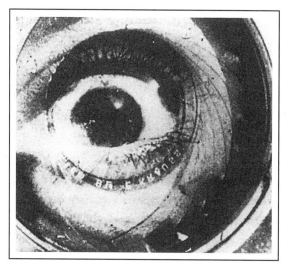

吉加·维尔托夫的电影《持摄影机的人》中的剧照，1928—1929年　　　　78

暗箱，1646年   79

在胶片上，光线在感光乳剂上留下痕迹，在其上印下永久的影印。对两种现实的操作——两幅剧照的叠加，两者都是物质现实的痕迹——产生了某种已经超出"现实主义"逻辑的事物。它不是表现现实，而是产生一种新的现实。

摄影和电影，乍一看似乎是"透明"的媒介。但那种如同我们窗户上的玻璃般的透明，同样反射（在夜晚变得更加明显）室内，并将其叠加在室外的影像上。当暗箱被点亮时，玻璃便充当一面镜子。

弗洛伊德在他工作室的窗户上挂了一面镶有镜框的镜子，恰好在他的工作桌旁。正如玛丽–奥迪尔·布里奥特（Marie-Odile Briot）所指出的："镜子（灵魂）和窗户在同一个平面上。反射的映像同样是投射到外部世界的一幅自画像。"[1]弗洛伊德的镜子，被置于内外分离的边界，削弱了其作为一个固定界线的地位。这并非没有建筑的影响。此边界不再是一个分离、排斥、断绝的界线，不再是一种笛卡儿式界线；相反，它是一种图形、一种约定，其目的是允许一种必须不断地被定义的关系。这就是弗朗哥·雷拉①所说的"阴影线"。[2]

摄影的传播与精神分析的发展是一致的，两者之间存在不止一种关系。本雅明写道，正是通过摄影，"人们首先了解了视觉无意识，就像人们通过精神分析了解了无意识的欲望一样。"[3]并且弗洛伊德本人也从摄影的角度明确地理解了无意识和有意识的关系：

"每一段心理过程……都始于一个无意识的阶段或时期，只有经过此阶段心理过程才进入有意识的时期，就像一张相片始于一张底片，只有被塑造成正片后才成为一张相片。然而，并不是所有的底片都必然会变成正片，也没有必要把每一个无意识的心理过程都变成有意识的。"[4]

无意识和有意识、无形的和可见的，就像封闭在相机里的底片和从相机里冲洗出来的外部相片，不能被看作彼此相互独立。此外，摄影和无意识都假定了一种新的空间模式，其中内部与外部不再存在明确的分界。事实上，摄影成了暗箱模型的最有代表性的取代者，通过摄影，正如乔纳森·克拉里（Jonathan Crary）所指出的，一个作为"内化的观察者"的人，一种"被限制在准室内空间的私密化主体，从公共性的外部世界中被隔绝了"，取而代之的是另一种模型，其中内部和外部、主体和客体之间的区分变得"不可逆转的模糊"[5]。同样地，精神分析永远使内在灵魂与其外在表现的关系复杂化。精神分析和摄影同时到来且相互关联，这标志着一种不同的空间感的出现，甚至是一种不同的建筑的出现。

---

① 弗朗哥·雷拉（Franco Rella，1944—　），意大利作家。——译者注

西格蒙德·弗洛伊德的书房，上坡街19号，维也纳，1938年。注意他
的书桌旁挂在窗户上的镜子

摄影迷恋

针对勒·柯布西耶和摄影这一主题的批评是少有的，并且在仅有的例子中，批评是出于这样一种观点，即把摄影作为一个透明的再现的媒介，在媒介的现实主义解读与对象的形式主义解读之间摇摆不定。值得注意的是，此主题要么针对勒·柯布西耶作为摄影师的情况，要么针对勒·柯布西耶作品的照片。摄影在勒·柯布西耶创作过程中的地位明显被忽略了。在朱利亚诺·格雷斯莱里（Giuliano Gresleri）的迷人著作《勒·柯布西耶，东方之旅》（*Le Corbusier, Viaggio in Oriente*）中也有这种批评的疏漏，尤其是在呈现业余摄影师勒·柯布西耶的一张怀旧专辑的内涵的微妙观点时。[6]这本书的副标题——"摄影师兼作家查尔斯–爱德华·让纳雷的未发表作品"（Gli inediti di Charles–Edouard Jeanneret fotógrafo e scrittore）具有指示性。首先是"未发表作品"（inediti：未出版的，闻所未闻的）：这个术语保持了一个常识性的概念，即因为"原稿"尚未出版，所以其价值高于任何流通的影像。其次是"摄影师兼作家查尔斯–爱德华·让纳雷"，这些术语的使用在勒·柯布西耶的作品上投射出一种网格，这种网格将知识划分为一个个严密的隔间，将他呈现为某种具有多重天赋的个体，能够在不同的、专门的知识分支中生产有价值的作品。勒·柯布西耶作为摄影师、作家、画家、雕刻家以及编辑，这些划分——经常在标准的学术评论中遇到——掩盖了勒·柯布西耶从根本上非学术的工作方式。

这种非学术的方法在勒·柯布西耶的旅行中尤为明显，并对他的塑造和发展起了至关重要的作用（我这里指的不是传统意义上理解的"形成期"，而是他毕生的事业）。一次旅行代表着与"他者"相遇的可能性。1931年春天，在勒·柯布西耶去阿尔及尔的第一次旅行中，他画了一些裸体的阿尔及利亚女人，而且获得了一些明信片，上面是裸体的当地人，被来自东方集市（the Oriental bazaar）的服饰簇拥着。让·德·迈森瑟①，一个带着勒·柯布西耶游览卡斯巴（the Casbah）的18岁男孩，后来回忆起他们的旅行："我们漫游在小巷之间，直到一天结束的时候，我们到了卡特罗街，他（指勒·柯布西耶）被两个年轻女孩的美丽深深吸引，一个来自西班牙，另一个来自阿尔及利亚。她们带我们走上一段狭窄的楼梯，来到她们的房间；在那里，他用彩色铅笔——使我惊讶的是——在教科书的方格纸上画了几幅裸体画；画中西班牙女孩或独自躺在床上，或与阿尔及利亚女孩优美地躺在一起，画得既精准又逼真；但他说这些

83

---

① 让·德·迈森瑟（Jean de Maisonseul，1912—1999年），城市规划师，生于阿尔及尔。——译者注

画很糟糕并拒绝展示它们。"[7]导游还描述了他看到这位建筑师购买如此"粗俗"的明信片时的惊讶。

　　阿尔及利亚的素描和明信片是一个相当普通的例子，反映了一种根深蒂固的模式，即对女性，对东方，对"他者"近乎迷恋的挪用。[8]但是，正如萨米尔·拉菲①和斯坦尼斯劳斯·冯·莫斯②所指出的，勒·柯布西耶把这些素材变成了为一个规划中的纪念性构图的预备研究，"这个计划，即便不是他整个生活的全部，也似乎萦绕在勒·柯布西耶的心头很多年。"[9]

　　勒·柯布西耶刚从阿尔及尔回来的那几个月直到他去世，他似乎已经在黄色的描图纸上画了成百上千的草图，把描图纸铺在原始的草稿上，不断描画人物的轮廓。他还详尽地研究了德拉克洛瓦（Delaeroix）的名画《阿尔及尔的妇女》（*Femmes d'Alger*），创作了一系列这幅画中人物轮廓的素描，去掉了她们"异国情调的服装"和"周围的装饰"。不久，这两项研究合并了；他修改了德拉克洛瓦画中人物的姿势，使她们逐渐符合他自己素描中的人物。他说他会把最后的作品命名为"卡斯巴的妇女"（Femmes de la Casbah）。但事实上，他从未完成它。他不停地重画。这些图像的绘制和重绘成为他一生的痴迷，这足以表明有些东西悬而未决。这一点在1963年到1964年间变得更加明显，就在他去世前不久，勒·柯布西耶对黄色描图纸可见的老化感到不满，将精选的一些草图复制在透明纸上（对一个保存一切的人来说，很典型），烧掉了原始草图。[10]

　　然而，当勒·柯布西耶的"卡斯巴的妇女"研究进入了他在1938年完成的一幅壁画之时，这种对于绘制与重绘的着迷的过程已经达到了最强烈的、如果不是歇斯底里的时刻，这幅壁画位于艾琳·格雷（Eileen Gray）为让·巴达维奇（Jean Badovici）于1927年至1929年间在马丁角设计并建造的E.1027住宅。勒·柯布西耶称这幅壁画为"马丁角的涂鸦"（Graffite à Cap–Martin）。据冯·莫斯（他引用了房子的新主人舍尔伯特博士夫人的话）说："勒·柯布西耶向他的朋友解释道，画中'巴

达'在右，他的朋友艾琳在左；他声称中间坐着的人物的头和假发的轮廓是'期望中的孩子，但从未出生'。"这离奇的场景，是对格雷的建筑的损毁甚至是对她性别的抹杀，而且显然是一种"精神病学家的主题"[11]，正如勒·柯布西耶在《走向新建筑》（*Vers une architecture*）中提到了人们所赋予他们住宅的噩梦（在英文译本中被奇怪地省略了）。尤其是如果我们还考虑到勒·柯布西耶与这对夫妇及这所住宅之间已被证实的奇怪关系，例如，第二次世界大战后，他在艾琳·格雷的住宅的正后方，在毗邻地块上紧靠着用地边界为自己建造了一间小木

---

① 萨米尔·拉菲（Samir Rafi，1926—2004年），埃及艺术家。——译者注
② 斯坦尼斯劳斯·冯·莫斯（Stanislaus von Moos，1940—　　），瑞士艺术史学家和建筑理论家。——译者注

欧仁·德拉克洛瓦，《阿尔及尔的妇女》，布面油画，1833年。巴黎，卢浮宫 85

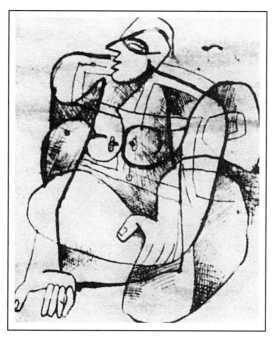

勒·柯布西耶,《蜷缩的女人》,正面图（在德拉克洛瓦的《阿尔及尔的妇女》之后），透明纸水彩，49.7cm×32.7cm，未署名（不公开）。米兰，私人收藏

勒·柯布西耶,《三个女人》(马丁角的涂鸦)。艾琳·格雷E.1027住宅的壁画,罗克布吕讷–卡普马丹,1938年

屋，对场地近乎占领（quasi-occupation）。他通过俯瞰来占领并控制整个场地，这间小木屋只不过是一个观察平台。当勒·柯布西耶未经艾琳·格雷的允许便在这所住宅上作画时（共有8幅壁画），虽然艾琳已经搬走，这种占领的暴力已经确立。她认为这是一种故意的破坏行为，事实上，正如彼得·亚当（Peter Adam）所说，"这是一种掠夺。"[12]当勒·柯布西耶在1948年出版的《今日建筑》（*L'architecture d'aujourd'hui*）中刊登这些壁画时，艾琳·格雷的住宅被称为在马丁角的一座住宅；她的名字甚至没有被提及。之后，勒·柯布西耶将会因为这所住宅的设计甚至部分家具的设计而广受好评。[13]

勒·柯布西耶对阿尔及利亚妇女的迷恋与他对艾琳·格雷的虐行是一致的。人们甚至可能会认为，壁画中的孩子重构了缺失的（母性）阳具。弗洛伊德认为这种缺失，促成了拜物崇拜。在这样的术语中，无休止的绘制和重绘是一个暴力化迷恋的替代物的场景，在勒·柯布西耶看来似乎需要住宅、室内空间作为道具。暴力被组织在这栋房子周围，或弥漫在整个房子里。在这两种情况下（阿尔及尔或马丁角），场景都以一种侵入开始，即对一座住宅精心策划的占领。但这座住宅最终还是被抹去了（从阿尔及尔的画作上抹去，在马丁角的被毁坏了）。

值得注意的是，勒·柯布西耶把绘画本身描述为对一个"陌生人的房子"的占领。他写道："通过手来工作，通过绘画，我们进入陌生人的房子，丰富自身的经验，学习。"[14]正如人们经常注意到的那样，绘画在勒·柯布西耶对外部世界的"挪用"过程中起着至关重要的作用。他反复将他的绘画技巧与摄影相比较："当一个人在旅行或从事视觉事务的工作时——如建筑、绘画或雕塑——他使用眼睛并绘画，以便将所见所闻深深扎根于自己的经验之中。一旦这种印象被铅笔记录下来，它便会被永远地保留——输入、记录并铭记于心。照相机是懒惰者的工具，他们使用机器代替自己观看。"[15]当然这样的言论［伴随着发表在勒·柯布西耶晚期著作《创作是持久的探索》（*Creation is a Patient Search*）中的东方之旅画作］使他获得了相机恐惧症的名声——这种名声如此强烈以至于使他在东方旅行时拍下的一些照片的发现成了一个"意外"，正如格雷斯莱里①描述的那样。然而，考虑到他对摄影图片和对他自己的出版作品有着同样独特的敏感性，而这种敏感性已被如此明显地呈现出来，很难理解关于勒·柯布西耶的这种观点是如何建立起来的，更不用说是如何经久不衰的。

但在此之前，勒·柯布西耶的摄影与绘画的特定关系是什么？毕竟，阿尔及利亚妇女的素描不仅是对真人模特的重绘，也是对明信片的重绘。事实上，人们可以认为当时流传甚广的

90

---

① 格劳科·格雷斯莱里（Glauco Gresleri，1930—　），意大利建筑师。——译者注

勒·柯布西耶，小棚屋，马丁角，1952年

89

法国明信片上阿尔及利亚妇女的构图，影响了勒·柯布西耶的写生，同样地，正如泽伊内普·切利克（Zeynep Celik）所指出的，当他真正进入外国城市（例如伊斯坦布尔或阿尔及尔）时，勒·柯布西耶精确地复制了由明信片和旅游指南所构建的这些城市的图像。[16]在这一点上，"他不仅知道他想看到的是什么"，正如切利克所说，而且他看到了他想看的，以及他已经看到过的（在照片中）。

他"进入"了那些照片，并且居于照片之中。正如冯·莫斯 91 所指出的，对《阿尔及尔的妇女》的重绘同样更有可能来源于明信片和复制品，而不是在卢浮宫的原作。那么，在"卡斯巴的妇女"研究中的恋物场景中，摄影图像的特定作用是什么呢？

恋物总是关于"临在／在场"，维克托·伯金[①]写道："多少次有人告诉我，照片'缺乏在场性'，绘画的价值在于它们在场！"[17]很明显，绘画和摄影之间的这种分野构成了对勒·柯布西耶与摄影关系的主要理解。尽管勒·柯布西耶的文章，在一些如上文所引用的段落中，可能导致读者得出相似的结论，这些阐释似乎忽视了绘画这种手的艺术冥想，在照片（艺术复制品、明信片，甚至建筑师自己拍的照片）"之后"完成，会发生什么。同样，从恋物的角度来说，摄影被赋予多种层面上的解读。维克托·伯金写道：

"在恋物中，物充当了阴茎的角色并带有像孩子赋予女人完整那样的功能（她的'不完整性'会影响孩子自身的自我一致性）。从而，恋物癖实现了所知与以再现为特征的所信之间的分离；它的动机是主体的统一性……照片之于主体——观看者，就像拜物的对象……我们知道我们看到的是一个二维的面，我们相信我们通过它看到的是一个三维的空间，但我们不能同时做到这两点——我们在所知与所信之间来来回回。"[18]

因此如果勒·柯布西耶通过绘画"进入了一个陌生人的房子"，"这栋房子"会不会为了照片而存在？通过绘画他进入了自身即陌生人房子的照片，而且通过再造图像占领并重新领域化了空间、城市及他者的性征。（在摄影之后的）绘画，是殖民化的手段。

事实上，即使是格雷斯莱里在《勒·柯布西耶，东方之旅》 93 中收集的其东方之旅的早期材料，也揭示了显然是在照片"之后"完成的绘画的存在——比如从多瑙河上看埃斯泰尔戈姆圣殿（cathedral of Esztergom）。[19]绘制一幅已被相机固定的图像的这种做法，似乎贯穿在勒·柯布西耶的作品中，这让人想起他另一种同样神秘的习惯，即一次又 次地画自己作品的草图，甚至在作品建成很久之后。他不仅重绘自己的照片，而且重绘

---

① 维克托·伯金（Victor Burgin，1941—　），英国观念艺术家。——译者注

法国明信片上的阿尔及利亚妇女：场景与类型——斜倚着的摩尔妇女　　　　92

埃斯泰尔戈姆圣殿的风景照，查尔斯–爱德华·让纳雷摄，1911年 94

查尔斯–爱德华·让纳雷,《埃斯泰尔戈姆圣殿的素描》,1911年

95

他在报纸、手册和明信片上看到的那些照片。《新精神》杂志的档案中有许多画在描图纸上的草图，这些草图很明显都是能找到对应照片的重绘。这些草图描绘了一些难以想象的令人敬畏的（horreurs，勒·柯布西耶会这么说）主题，比如"启定帝"（Khai Dinh，安南的现任皇帝）或"英国议会的召开、国王与王后"［摘自《插图》（L'Illustré），转载于《今日的装饰艺术》（L'Art décoratif d'aujourd'hui）］，除此以外还有法兰西共和国总统加斯东·杜梅格（Gaston Doumergue）的肖像。[20]

虽然这些画表面上是为了表明哪张图片将发表在哪一页上，但它们并非只是最简化的轮廓。相反，它们像勒·柯布西耶的纯粹主义绘画一样仔细地将日常物品约简为基本形式。在这个意义上，它们似乎表明了勒·柯布西耶对被动吸收摄影以及存在于旅游与大众传媒世界的图像消费的抵制。面对插图报纸、工业商品目录和广告中的信息爆炸——借口以大量的文献资料和对"事实"的添油加醋来代表现实——勒·柯布西耶通过特例来加以操作。在大众传媒的逻辑条件下，一张照片并不因其自身，而是因其与其他照片、标题、文字内容及页面排版的关系获得特定的意义。正如罗兰·巴特所言："一切图像都是多义的；在它们的能指之下，隐含着一连串浮动的所指，读者可以选择其中的一些而忽略其他。多义性引起关于意义的问题……因此，每个社会都发展了各种技术来固定所指的浮动链，以对抗对不确定符号的恐惧。"[21]虽然在大众传媒中所构建的摄影，常常被不加批判地当作一个事实来接受，但巴特进一步阐明，"媒体照片是一种经过加工、选择、组合、构建的东西。"[22]勒·柯布西耶乐于重构这种"被构建"的图像，例如，将其中一些图像从其原始语境（一本插图杂志或一本邮购目录）中分离出来，并在它们之后绘制速写。同样的，这种速写从照片所排除的东西中学习。在绘画时，他不得不选择把图像的细节缩减为几根线条。预先形成的图像因此进入了勒·柯布西耶的创作过程，但是被重新诠释。正如他自己所说：

"自己去画，去描绘线条、处理体量、组织表面……所有这一切都意味着首先是看，然后是观察，最后也许是发现……那时灵感可能就来了。发明，创造，一个人的全部都将付诸行动，而这种行动才是重要的。其他人无动于衷——但是你看到了！"[23]

绘画是一种研究患者（recherche patiente）的工具。它是一种技巧，用以克服客体的强制性封闭，将它重新融入一种"无始无终"的过程之中。对勒·柯布西耶来说，过程比结果更加重要。这也解释了他写作的形式，即不断地将其思想的零星碎片在不同的语境中组合并重新加工，仿佛在抵抗一种最终的

加斯东·杜梅格总统的照片，来自《插图》   96

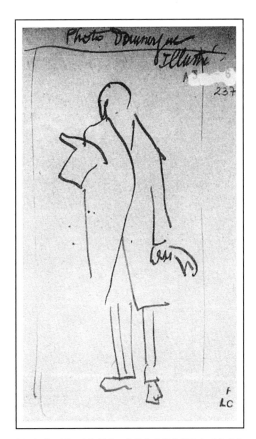

勒·柯布西耶，在加斯东·杜梅格总统的照片之后完成的
速写

启定帝的照片，来自《插图》 98

勒·柯布西耶，左页照片之后的速写 99

形式。正如彼得·阿里森①曾经说的，尽管存在"明显的重复性……他很少完全重复自己的话。"[24]

在1907年至1908年间的首次意大利和维也纳之旅中，勒·柯布西耶开始意识到建筑与其摄影再现之间的差异。这种对再现的反思成为他信件中经常提到的话题。查尔斯·拉普拉特尼尔②曾指引勒·柯布西耶和他的同伴莱昂·佩林（Léon Perrin）前往维也纳，这两个游客在那里没能找到之前在建筑杂志上看到的那些住宅。勒·柯布西耶曾写信给拉普拉特尼尔，询问在《室内建筑》（*Innen Architektur*）和《德意志艺术》（*Deutsche Kunst*）上刊登的那些现代住宅的地址："在拉绍德封指出位于维也纳的地址，真是不切实际；太可惜了"（Illogisme, se faire indiquer de La Chaux–de–Fonds des addresses pour Vienna; tant pis c'est ainsi）。拉普拉特尼尔寄给了他们霍夫曼室内设计的复件，其中包括他的一位学生为位于拉绍德封的玛西–多雷（Mathey–Doret）住宅设计的音乐室。[25]

那些音乐室的照片让勒·柯布西耶很失望："设计做得很好，但效果是多么令人可惜！是的，佩林和我对照片所呈现的我们所知的美好事物感到十分失望。"[26]考虑到几个月前，也就是1907年的秋天在佛罗伦萨和锡耶纳拍摄的照片也令人失望，他们自我安慰到："我们在意大利拍的一堆照片，没有一张好的照片可以反映（我们看到的）那些美丽的建筑，因为摄影的效果总是扭曲的，且冒犯目睹过实物之人的双眼。"[27]霍夫曼室内令人惊艳的（épatant）复制图却正好相反；起初，它们似乎令人印象深刻，却经不起细致的推敲：

"看看霍夫曼的大厅和餐厅的摄影效果：多么统一，多么素朴，多么美丽。让我们仔细地查看和分析一下：这些椅子是怎么回事？丑陋，不切实际，无聊又幼稚。这些墙呢？石膏制成的，就像帕多瓦的拱廊一样。这个壁炉，毫无意义。还有这个梳妆台，这些桌子以及所有的东西，多么冷酷、阴沉且呆板啊！它到底是怎么建成的？"[28]

"现代的维也纳"的非构造特点使一直以来在地方手工艺传统中接受教育的勒·柯布西耶感到震惊与厌恶。"这里的建筑是伪装和欺骗（masquée et truquée），"他在给拉普拉特尼尔的信中写道，"德国的运动追求的是极致的原创性，而不是建造、逻辑或美。本质上没有支撑点。"[29]他指责拉普拉特尼尔误导了他（"你让我们到意大利来培养我们的品位，爱上（合理）建

104

---

① 彼得·阿里森（Peter Allison），澳大利亚作家。——译者注
② 查尔斯·拉普拉特尼尔（Charles L'Eplattenier，1874—1946年），瑞士画家与建筑师，曾与柯布西耶合作。——译者注

玛西-多雷住宅的音乐室，拉绍德封，室内由查尔斯·拉普拉特尼尔的学生设计，1908年　　102

约瑟夫·霍夫曼，弗里德里希·冯·斯皮策医生住宅，大厅，1902年

造的、有逻辑的建筑，然后你却因为艺术杂志上一些令人印象深刻的照片而希望我们放弃这一切"）[30]，并建议他花15天在维也纳实地看看，而不是依靠杂志图片。至于他自己，勒·柯布西耶已经决定离开维也纳去巴黎学习建造："这是我需要的，这是我的技术"（c'est qu'il me faut, c'est ma technique）。不出所料，他在维也纳逗留期间很少画画。

有趣的是，这些信件与阿道夫·路斯对摄影及其在表现建筑方面的缺陷的批评如此接近。1910年路斯在"建筑"一文中写道："我最自豪的是我所创造的室内设计在照片中完全无效……我必须放弃在各种建筑杂志上发表作品的荣誉。"[31]路斯是在对过剩的新艺术风格杂志所特有的建筑和建筑图像之间的混淆作出回应。勒·柯布西耶比路斯更进一步。在巴黎，更确切地说，在《新精神》杂志的经历，使他开始不仅把出版社、印刷媒体看作一种对先前存在的事物进行文化传播的媒介，而且视为一种具有自主性的创造环境。他在大都市的所见所识造成了与拉普拉特尼尔的手工艺的生成逻辑的决裂，即客体与世界相认同，材料带有制作者的痕迹。

手与物之间的这种连续性，其内在是一种关于人工制品以及生产者与产品之间关系的古典观念。随着工业、大规模生产和复制品的出现，这种连续性被打破，生产者和产品之间的关系发生逆转。正如阿多诺与霍克海默所指出的，在"消费社会"中，生产的发展是按照一种完全内在于其自身循环和自身复制的逻辑进行的。实现这一目标的主要机制是"文化产业"，其载体是电影、广播、广告、期刊等大众传媒。[32]勒·柯布西耶全身心地拥抱这个产业。事实上，可以说只有通过这样的参与，建筑本身才能实现工业化。

捏造的图像

在《新精神》杂志第6期中，勒·柯布西耶刊登了他在拉绍德封时唯一认可的作品：施沃布别墅［这栋建于1916年的房子在《勒·柯布西耶全集》（Oeuvre complète）中未曾出现］。在附带的文章中，奥辛芬①以笔名朱利安·卡隆（Julien Caron）评论了通过相机之眼捕捉建筑的困难："摄影，在其复制平面（绘画）时已经具有误导性，而当它假装复制体量时，就更容易产生误导。"[33]具有讽刺意味的是，刊登这栋房子的照片确实是误导（trompeuse），它们是"捏造的"。

勒·柯布西耶对施沃布别墅的照片用喷笔进行了修饰，使其更具"纯粹主义"美学。例如，在"外立面"上，他遮盖了

---

① 阿米迪·奥辛芬（Amédée Ozenfant, 1886—1966年），法国立体派画家和作家。——译者注

查尔斯–爱德华·让纳雷，雕刻的表壳，约 1902年

《新精神》杂志第2期中的欧米茄广告   106

Une Villa
DE LE CORBUSIER
1916

Dans ses articles remarquables de l'*Esprit Nouveau*, Le Corbusier-Saugnier, architecte, avec modestie, ne s'est occupé que des rapports de l'ingénieur avec la construction moderne, afin de mettre en évidence les conditions primordiales de l'architecture : le jeu des formes dans l'espace, leur conditionnement par les procédés de construction. Il a montré que le calcul peut introduire à une grande architecture, que les moyens de construire actuels (financiers et techniques) offrent des ressources plus vastes que ceux des époques passées.

Le Corbusier sut, dans ses articles, lui artiste, faire momentanément abstraction des qualités de sensibilité qui font l'artiste, pour dégager, avant tout, les moyens de l'ingénieur,

查尔斯-爱德华·让纳雷, 施沃布别墅, 拉绍德封, 1916年, 刊登在 《新精神》杂志第6期, 1921年

108

施沃布别墅，刊登在《新精神》杂志   109

施沃布别墅，藤架的细部。原始图片，约1920年　　　　　　　　　　　　110

庭院中的藤架，将其白色痕迹留在地面上，并且清除了花园中任何有机植物或令人分心的东西（灌木、藤蔓植物和犬舍），露出了轮廓分明的外墙。

他还修改了通往花园的服务入口，用一个与门齐平的笔直平面切掉了突出的玄关与有角度的台阶（在同一篇文章中刊登的原始平面中可以看到此差异）。与玄关对应的窗户也变成了一个纯矩形的开口。[34]

勒·柯布西耶抛弃了这栋房子里一切如画和文脉性的东西，专注于物体本身的形式特性。但发表在《新精神》杂志上的这栋房子的照片中最引人注目的改动是消除了场地的任何实际信息。事实上，这里是一处陡峭的地形。通过消除场地，他使建筑成为一个相对独立于场所的客体。这种理想客体与理想场所之间的关系在勒·柯布西耶20世纪20年代的建筑中是一直存在的。例如，在他还不知道别墅的具体位置之前，他就为父母设计了位于日内瓦湖滨的小别墅。[35]并且在布宜诺斯艾利斯，他做了一个由20个萨伏伊别墅的"复制品"（replicas）组成的郊区提案。[36]

对《勒·柯布西耶全集》的分析揭示了一种类似的对摄影图像的再加工。例如，在萨伏伊别墅已发表的照片中，通过把它们涂成灰色，勒·柯布西耶遮盖了在其他别墅照片中可以看到的反常的柱子（也许是下水管）。有趣的是，发表的萨伏伊别墅的剖面与该项目的早期版本相对应，而不是已建成的版本。[37]显然，对于勒·柯布西耶来说，任何过程中的记录，如果更好地反映了房子的概念，则优先于实际建造作品的忠实再现。此外，他对真实空间和页面空间的区分也同样清晰。恰恰是因为后者的某些元素在必要时是可约简的——比如下水管——虽然在建筑的体验式解读中无伤大雅，但在照片中却会分散注意力。

同样，在《勒·柯布西耶全集》中，勒·柯布西耶在位于加歇的斯坦因别墅（Villa Stein）的平面图中，去掉了两根柱子，这两根柱子局限了突出至起居室的餐厅的半圆形空间。[38]最终的平面图传达了对于这栋住宅的空间性的、体验式的解读。对两根柱子的移除，加强了别墅对角线方向的推挤感，进一步瓦解了"中心轴线"。[39]

在他的建筑作品之外，勒·柯布西耶使用类似的技巧来加强他的理论观点。例如，在《新精神》和后来的《走向新建筑》中，他发表了一张比萨的照片，取自他第一次意大利之旅的照片集；但在复制之前，勒·柯布西耶用黑色墨水描画了印刷图的某些部分，以强调平台线条的纯粹和清晰。[40]《走向新建筑》的初步材料中的一页草图显示了同样值得注意的修改说明，应用于罗马的希腊圣母堂的照片。[41]修改包括移除神龛、拱券上的装饰、皮质靠垫、柱子、窗户，以及会使读者分心以至于无法在"拜占庭罗马"中看到希腊的其他任何东西。他写道："希

施沃布别墅，刊登在《新建筑》杂志 112

施沃布别墅，原始照片，约1920年 113

腊借拜占庭的方式，一种纯粹的精神创造。建筑不过是有序的布局，是在光线下看到的高贵棱镜。"[42]

斯坦尼斯劳斯·冯·莫斯曾写道，对于勒·柯布西耶来说，建筑作品与特定场地及其物质化的实现之间的关系是次要问题；对他而言，建筑是一个概念问题，须在理念领域的纯粹中解决，当建筑被建造出来的时候，它便和现象世界混合在一起，将必然失去其纯粹性。[43]但值得注意的是，当这同一件建筑作品进入印刷页面的二维空间时，它又回到了理念的领域。摄影的作用不是以镜像去反映／反射建筑被建造起来的样子。建造是这个过程中的一个重要时刻，但绝不是其最终产物。摄影与排版在页面空间中构建了另一种建筑。

在传统的创作过程中，构思、制作与复制是独立的、连贯的时刻。但在勒·柯布西耶的省略性的进程中，这种递进关系消失了。建筑的构思与复制再一次相互交叉。

持续的编辑

在《新精神》杂志编辑部的任务分工中，勒·柯布西耶将"行政与财务"作为自己的职责。杂志的联合编辑阿米迪·奥辛芬和保罗·德米（Paul Dermée）则负责较为传统的制作和编辑工作。但是勒·柯布西耶选择融入知识分子圈以外的世界，积极参与工业和金融的世界，他自己是新工业现实的"制作人"而不是"阐释者"（即知识分子的传统任务）。[44]由于该杂志的主要资金来自广告，勒·柯布西耶因此接触到了大众传媒文化。

他热衷于收集工业产品目录、百货公司宣传册以及从报纸和杂志上剪下的图片，部分出于需要产出的原因。勒·柯布西耶当时在为《新精神》杂志寻找广告合同。事实上，这些目录所属的公司最终在杂志上刊登了产品广告。但勒·柯布西耶也把这些材料作为他文章和书籍的图像来源。[45]

在《新精神》杂志中，摄影并非呈现为一种艺术项目，而是一种记录手段。但在勒·柯布西耶的文章中，从宣传材料中选取的照片，与从艺术书籍和他自己作品中选取的图片是共存的。在这些页面中，大众文化的世界侵入了高雅艺术的世界，动摇了艺术大厦的根基。无论勒·柯布西耶曾多少次宣称艺术品的地位高于日常物品，他的作品都一直被低级文化的材料所"浸染"。[46]

在勒·柯布西耶为《走向新建筑》准备的宣传册封面上，他写道："最新出版（Vient de paraître）/（这两句话被该书封面的复制图隔开）/本书毫不留情（Ce livre est implacable）/它与众不同（Il neressemble à aucun autre）。"在册子中，他解释了他的书在使用图像方面的新奇之处："这本书的说服力来自新的手段；书中华丽的插图与正文并行不悖，且具有巨大的影响力。"[47]

勒·柯布西耶书中的摄影很少以具象的方式使用。相反，

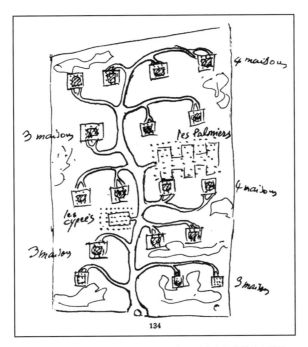

134

阿根廷乡村的萨伏伊别墅复制品，1929年10月在布宜诺斯艾利斯的一   115
场讲座中由勒·柯布西耶提出，并刊登于《精确性》一书中

勒·柯布西耶，希腊圣母堂室内草图，罗马，附有在《走向新建筑》出版前对原始照片的修改说明

116

刊登在《走向新建筑》中的希腊圣母堂照片，1923年 117

它是图像与文本之间永远无法解决的碰撞的中介，它的意义源于两者之间的张力。在技巧上，勒·柯布西耶从现代广告中借鉴了很多通过将图像及图像与文字的并置而产生的联想。类似的敏感性在勒·柯布西耶早期的别墅照片中十分显著，正如冯·莫斯所指出的，这些照片上通常包含汽车，即便不是他自己的那辆瓦赞（Voisin）："事实上，这些图片中往往搞不清是车还是房子，为当代美好生活的广告提供了语境。"[48]在勒·柯布西耶的书中，图像不是用来"阐释"文本，而是用来构建文本。在《走向新建筑》的宣传册上，他又一次写道："这本书的新概念……使作者避免了华丽的辞藻、无用的描写；借助图像的力量，事实在读者眼前爆发。"[49]

事实上，勒·柯布西耶的书是通过对搜集到的图像的持续编辑构思出来的。《走向新建筑》和《今日的装饰艺术》的工作素材同样揭示了这一点。[50]它由一系列草图构成，这些草图上成组的小插图，与书中要展示的图像相对应。一些图像来自勒·柯布西耶的记忆（"明信片，明信片在哪里？"是一个小插图的脚注）；其他的则是从机械产品目录、弗雷德里克·博伊索纳斯①的希腊专辑等出版物中摘取的。勒·柯布西耶几乎无一例外地改造了这些照片。除了把它们从原始语境中移除，他还在它们上面作画，抹去它们的细节，重新构图；因此，这些是经过加工、选择、组合、构建的图像。

尽管摄影让一切触手可及——"遥远的地方、有名的人、春天"（如本雅明所言）——但其本质是选取而不是累积。取景是摄影的议题。勒·柯布西耶在《走向新建筑》上刊登的由博伊索纳斯拍摄的希腊照片主要取自马克西姆·科利尼翁②的《帕提农神庙》（Le Parténon）和《雅典卫城》（L'Acropole）。[51]有些被重新构图，与他在"东方之旅"中的速写相似。它们是"不完整的"，它们创造了一种指向缺失的元素的张力。斯坦福·安德森③在提到这些草图时观察到：

"我们没有一个有利的视角得以客观地支配这座建筑。如果我们确实拥有这样一个有利视角，这些画告诉了我们，我们将会失去一些其他的东西。经验本身以及只有通过经验才能获得的知识……在概念层面上，勒·柯布西耶关心的是我们如何将经验与知识关联起来……在之前已被灌输了各种挪用模式的作品（帕提农神庙）面前，这种对经验的坚持显得更加强势……勒·柯布西耶并没有重复或精进早期对秩序的研究……他画了一套草图，生动地唤起了人们攀登卫城的连续经历。"[52]

---

① 弗雷德里克·博伊索纳斯（Frédéric Boissonnas，1858—1946年），瑞士摄影师。——译者注
② 马克西姆·科利尼翁（Maxime Collignon，1849—1917年），法国考古学家，专门研究古希腊艺术与建筑。——译者注
③ 斯坦福·安德森（Stanford Anderson，1934—2016年），美国建筑史学家。——译者注

瑞士布朗–博韦里股份公司商品目录中的涡轮机照片，约1924年

120

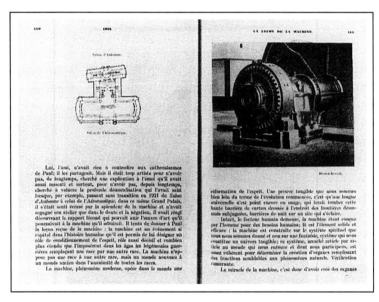

《今日的装饰艺术》中的跨页版面，1925年

《走向新建筑》的宣传册，1923年（？）

勒·柯布西耶与皮埃尔·让纳雷（Pierre Jeanneret），斯坦因别墅，加歇，1927年　　123

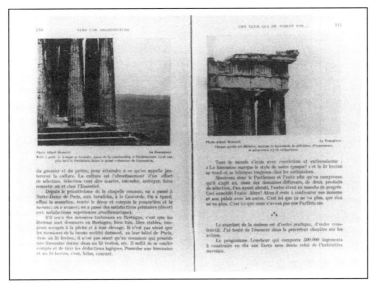

《走向新建筑》中的跨页版面，1923年，弗雷德里克·博伊索纳斯拍摄的照片复制图取自马克西姆·科利尼翁的《帕提农神庙》并被重新构图

125

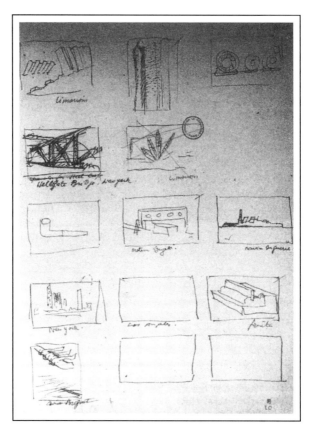

《走向新建筑》草稿中的原始草图页

为《今日的装饰艺术》绘制在《新精神》信头上的草图　　　　　　127

博伊索纳斯的照片是帕提农神庙的美学化挪用模式的典型例证。这本书的巨大版面迫使读者每次翻页时都需要后退，使每张图片都成为使人陷入沉思的对象，成为一幅"艺术作品"。当勒·柯布西耶将这些图像拉下高雅艺术的圣坛，缩小它们的尺寸，并将它们放在报纸和工业产品目录的日常图像（它们本身也经历了同样的转变）旁边时，就脱离了其素材的来源。大众传媒使所有事物都成了毗邻的、平等的。勒·柯布西耶并没有假装维护对素材按体裁或类型进行的等级划分。相反，他展现的是与大众媒体中的文化体验相对应的片段的碰撞。因此，他的作品成为对我们时代文化状况的批判性评论。

通过对摄影系统化的再挪用，这种对文化的反思改变了勒·柯布西耶作品中根本的空间感。这种转变最明显地体现在他对窗的思考上。毕竟，窗像照片一样，首先是一个框架。勒·柯布西耶水平长窗的框架，就像他为帕提农神庙拍摄的照片一样，颠覆了传统观者的预期，恰恰是因为它切断了一部分视野。

<h2 style="text-align:center">朝向风景的窗</h2>

关于勒·柯布西耶的水平长窗，没有人比其导师奥古斯特·佩雷（Auguste Perret）更不满了。从1923年他们在《巴黎日报》（*Paris Journal*）上最初的争论开始，他们就水平长窗（fenêtre en longueur）展开了持续数年的激烈辩论，布鲁诺·赖希林①对此进行了深刻的分析。[53]

在《新精神》杂志的档案中发现的勒·柯布西耶的一页标题为"罗内"（Ronéo）的草图，似乎是他在为"罗内"公司制作宣传册的过程中画的。[54]

然而，这些草图阐明的是佩雷和勒·柯布西耶之间的著名 争论。佩雷坚持认为，垂直的窗户，即落地窗（porte–fenêtre），重现了一种"完整空间的印象"，因为它允许人们看到街道、花园和天空，给人一种具有透视深度的感觉。另一方面，水平的窗户，即水平长窗，削弱了"人们对风景的感知与正确的鉴赏"。事实上，佩雷认为它恰恰从视野中截去了最有趣的部分——狭长的天空与维持透视深度错觉的前景。景观保留了下来，但是（正如布鲁诺·赖希林说的那样）它仿佛是一个"粘在窗户上"的平面投影。[55]

在这场争论中，佩雷以一种异常清晰的方式，表达了现实主义认识论中关于再现的传统观念的权威，即被定义为对客观现实的主观复制的再现。这就是他所说的"完整"空间。在这些术语中，勒·柯布西耶的水平窗的概念，以及他作品的其他方面，破坏了这种再现的概念。古典绘画试图用它们的模特来

---

① 布鲁诺·赖希林（Bruno Reichlin, 1941—　），瑞士建筑师。——译者注

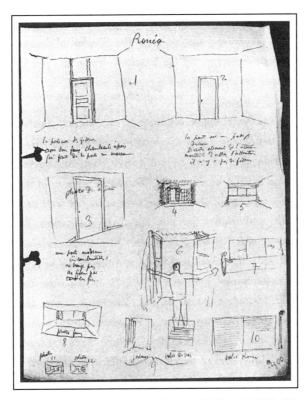

勒·柯布西耶，题为"罗内"的一页草图，阐明了勒·柯布西耶与奥古斯特·佩雷之间关于水平长窗的争论 129

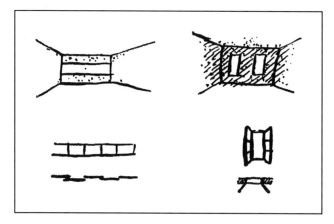

勒·柯布西耶，关于落地窗与水平长窗之间的对峙的草图

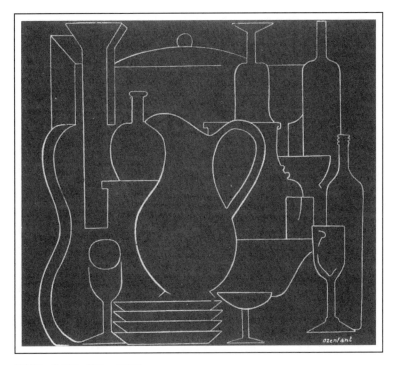

阿米迪·奥辛芬，绘画，1925年 132

使图像具有识别性，而纯粹主义绘画建立在可辨识物体——瓶子、眼镜、书、烟斗，等等——的形状和图像上，避免了这种识别，正如奥辛芬和让纳雷声称的那样。在《现代绘画》(*La Peinture moderne*) 中，他们将自己选择在画作中表现的标准物体定义为"最完美的平庸之物"，它们"具有完美的可读性以及无需费力就能被辨识的优势"。[56]因此，物体在画布上就像单词在句子中：它们指的是可辨识的事物，但被再现的世界上的物体并不比画作中有差别的元件的结合更加重要，每个元素以其在全体中的位置所定义，或者用索绪尔的话说，"没有正面意义的差异被定义。"[57]

勒·柯布西耶的"绘画正面性"(pictorial frontality) 被罗莎琳·克劳斯 (Rosalind Krauss) 解读为三方面：

"首先，物体被记录为纯粹的轮廓，即永远不会打破画面正面性的平面形状，以暗示一个侧面向深度的转向。其次，一组物体以边缘轮廓的连续性楔在一起，纯粹主义者称之为轮廓匹配 (mariage de contours)。最后，色彩和纹理的处理方式唤起了人们对这些"次要性特质"所固有的表面性的关注——因而绘画中的距离或深度便不再表现现实世界中分隔物体彼此间的空间。相反，距离被转化为物体的表象与物体本身之间间隔 (caesura) 停顿的表征。"[58]

透过窗户观看风景意味着一种分离。一扇"窗"，任何一扇窗，"都打破了置身景观与观赏景观之间的联系。景观变成了(纯粹的)视觉体验，我们仅依靠记忆将其认作一种有形的经验。"[59]勒·柯布西耶的水平窗致力于将这种状况，即这种"间隔"，展现出来。

正如赖希林所指出的，佩雷的窗户与西方艺术中传统的透视再现空间相对应。而勒·柯布西耶的窗户，我认为，则与摄影空间相对应。勒·柯布西耶在《精确性》一书中与佩雷的持续争论并非偶然，依靠一位摄影师所提供的曝光时间的图表，他"科学地"证明了水平长窗的照明效果更好。[60]虽然基于一点透视的摄影和电影，往往被视为"透明的"媒介，脱胎于古典的再现体系，但在摄影和透视之间存在着认识论上的断裂。摄影的视点是照相机的视点，即机械之眼。画家惯用的透视法将一切都集中在观者的眼睛上，并把这种景象称为"现实"。照相机——尤其是电影摄影机——意味着没有中心。

借用瓦尔特·本雅明对画家与摄影师所做的区分，我们可以得出结论，勒·柯布西耶的建筑是他将自己定位在相机后面的结果。[61]我这里并不是指前文所提及的含义，即勒·柯布西耶作为工业现实的"制作人"，并非"阐释者"，而是指更字面的解读，强调勒·柯布西耶20世纪20年代的别墅设计中通过建筑性的坡道，以及对水平长窗(电影摄影机空间的建筑关联物)以外的空间的瓦解，造成视点的蓄意分散。

133

134

在此基础上，我们是否可以说佩雷的建筑属于人文主义传统，而勒·柯布西耶的建筑则属于现代主义？那张题为"罗内"的草图存在一些自相矛盾的地方。虽然勒·柯布西耶想通过这幅画阐明水平窗的优越性，但事实上，他在画佩雷的落地窗时所表现出的强度和细节，与水平窗的草率形成对比，显示出落地窗更具有感情色彩。[62]尤其是我们可以从勒·柯布西耶在两幅图中描绘人物形象的方式看出这一点。在落地窗的草图中，一个精心绘制的人站在窗户中央，伸开双臂，把窗户打开——这使人想起了佩雷的断言［在勒·柯布西耶于《现代建筑年鉴》（L'almanach d'architecture moderne）中发表的一段想象中的对话］："一扇窗便是一个人自己……落地窗为人提供了一个框架，它符合人的轮廓……垂直线是直立的人的线条，它是生命本身的线条。"相比之下，画在水平窗前的小人则处于边缘位置；窗户是滑动打开的。勒·柯布西耶在《现代建筑年鉴》中写道："窗户，一个典型元素——一个典型的机械元素：我们紧紧抓住了以人为中心的模数。"[63]

任何关于窗的概念都意味着一种内与外、私密空间与公共空间之间的关系的观念。在勒·柯布西耶的作品中，这种关系总是与空间的无限性和在工业时代中成为代理机器的身体的体验之间的反差有关。

正如他在《今日的装饰艺术》中所写的："装饰艺术是围绕着我们的机械系统……是我们肢体的延伸；它的元素，实际上是人造肢体（artificial limbs）。装饰艺术变成了矫形术，变成了一种需要想象力、创造与技能的活动，但也是一种类似于裁缝的工艺：这两种手艺的客户都是人，我们都很熟悉且被精确定义过。"[64]并且在这本书的脚注中，勒·柯布西耶写道，当打字机开始使用时，人类中心主义变成了一种标准："这种标准化对家具产生了相当大的影响，由于建立了一种模数，一种商业模式……一种国际惯例被建立起来（针对纸张、杂志、书籍、报纸、画布、摄影印刷品）。"[65]勒·柯布西耶对窗户的理解与此相同。它不是框住身体，而是身体的机械替代品。

这一点可以从水平长窗的演变中看出。1923年勒·柯布西耶为父母在日内瓦湖的科尔索（Corseaux）建造的别墅（成为佩雷-勒·柯布西耶争论核心的一栋住宅），其外立面上延展的窗户并不是滑动打开的。这座别墅的窗户被划分为四个单元，每个单元又被划分为三个窗扇。中央的窗扇是一个矩形，通过转轴旋转打开；两个方形窗扇是固定的。在那里，房子的主人仍然要走到窗户的中心才能打开它，因此人是被框起来的。在罗内的草图中，水平长窗再一次被分成了三个窗扇，但中间的窗扇，和其他两个一样，是方形的，而且是固定的。这个窗户是滑动打开的；打开后，一块玻璃面板覆盖在另一块玻璃面板上。打开窗户的时候，人不再占据中心位置，而是必须站在一

136

勒·柯布西耶与皮埃尔·让纳雷，库克住宅，1926年   135

勒·柯布西耶为他父母设计的小别墅，科尔索，在室内俯瞰日内瓦湖景色的素描　　　　137

库克住宅，自助餐厅的镜子中反射的对面墙上的水平长窗　　　　　　　　138

边。与科尔索的窗户不同的是，主体被设备取代了。

对勒·柯布西耶而言，将窗户划分为三个窗扇的重要性在这个住宅的草图中显而易见：每个窗扇外的风景似乎都相对独立于相邻的风景。侧柱上收拢的窗帘，同样在勒·柯布西耶的素描中被强调出来，加强了窗户的划分。"粘"在窗户玻璃上的全景被叠加在有韵律的网格上，使人联想到排成一排的一系列照片，或者是一组电影剧照。

我们可以想象一艘船在湖中顺流而下。从落地窗往外看，这将是一个理想的时刻：船出现在窗户的中心，恰好与凝视风景的视线一致——就像古典绘画中那样。之后船便会移出视线。从水平长窗看去，船被连续地拍摄下来，每一个镜头都成为独立构图。

从勒·柯布西耶的水平长窗，我们回到了吉加·维尔托夫，回到了一个不固定的、从未具象化的图像，回到了一个没有方向的序列，随着机械装置或人物的运动来回移动。

公共性

　　每时每刻，无论是直接还是间接地通过报纸和评论的媒介，我们都面对着许多引人注目的新奇物品。从长远来看，所有这些现代生活物品，创造了一种现代的精神状态。

——勒·柯布西耶，《走向新建筑》

　　巴黎勒·柯布西耶基金会的《新精神》档案显示，从1920年到1925年[1]，在该杂志出版的这些年里，勒·柯布西耶收集了大量印有丰富的产品照片的工业目录和制造商的宣传手册。这些收藏不仅包括汽车制造商沃新恩（Voisin）、标致（Peugeot）、雪铁龙（Citroën）和德拉奇（Delage）、法曼（Farman）飞机和卡普罗尼（Caproni）水上飞机、依诺维绅（Innovation）的手提箱和行李箱、奥摩（Or'mo）办公家具和罗尼欧（Ronéo）文件柜，还有爱马仕（Hermès）手袋、运动包、烟盒，以及欧米茄（Omega）手表；然而还有，也许是更令人惊讶的，布朗·鲍弗理（Brown Boveri）的涡轮机、拉多（Rateau）的高压离心通风机，以及克莱蒙特·费朗（Clermont-Ferrand）和思林斯比

148

《新精神》第1期封面（1920年）

《新精神》第4期封面（1921年）。注意第4期副标题的变化，而且保罗·德米（Paul Dermée）不再是编辑了

143

准备在《新精神》上刊发但一直没有发表的德拉奇广告 144

《新精神》档案中卡普罗尼的宣传册页 145

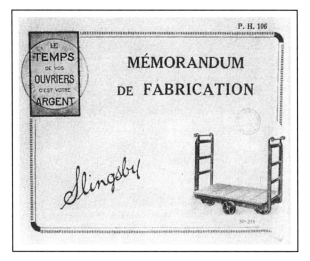

"你的工人的时间就是你的金钱"：《新精神》档案中思林斯比（Slingsby） 146
目录的封面

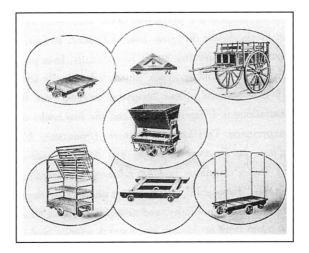

思林斯比目录的内页   147

（Slingsby）的工业设备。事实上，勒·柯布西耶费了很大的劲才获得了这些材料，他不断地给这些公司写信索要这些材料。这些目录不仅帮助《新精神》拿下了广告合同（这些公司中的大多数最终都在这本杂志上刊登了产品广告），也对他的作品产生了影响。

除了产品目录，勒·柯布西耶还收集了百货公司的邮购册，比如，巴黎春天百货（Printemps）、乐蓬马歇百货（Au Bon Marché）、莎玛丽丹百货公司（La Samaritaine）；以及从当时的报纸和杂志上截取的图片，比如《汽车》《科学与应用》《军事讽刺剧》《画报》。事实上，他似乎已经收集了所有在视觉上打动自己的东西，从明信片到印有基本几何体图案的儿童作业本封面。[2]这种素材，这些“日常图像”，是《新精神》和由此产生的五本书中许多插图的来源：《走向新建筑》、《明日之城市》（Urbanisme）、《今日的装饰艺术》（L'Art décoratif d'aujourd'hui）、《现代绘画》（La Peinture modern）和《现代建筑年鉴》（Almanach de l'architecture moderne）。[3]《今日的装饰艺术》中的插图尤其来源于这种“一次性消费”素材；这里的图片来自百货公司的商品目录、工业宣传品，以及像《画报》这样的报纸，还有艺术史和自然科学书籍上的图片交替出现。（《新精神》第25期中）有整整一页都是一幅工业灯的宣传照片，这显然是制造商承诺要刊登，但从未得到过（图片）；在它的位置上，人们读到的是一篇关于《新精神》杂志社向制造商索要照片失败的故事：彼此互不理解（on ne se comprend pas）。

勒·柯布西耶在《新精神》中的论述在很大程度上依赖于图像与文本的并置。与传统书籍中对图像的“再现式”运用不同（在传统书籍中，图像从属于文字，并与文字保持一致），勒·柯布西耶的观点要从这两个要素从未解决的冲突中去理解。以这种非传统的方式构思一本书，你就可以看到广告技巧所造成的影响。在广告中，是通过视觉材料的冲击来实现最强烈的效果的。

当拉多公司低压离心通风机的图像被放在《走向新建筑》153
中“建筑还是革命”（Architecture ou Révolution）这一章开头的对页，热内维利埃发电厂涡轮机的图像被放在这章的开头，文章主旨的传达来自标题和图像之间的相互作用：勒·柯布西耶最关注的似乎不是一般性的社会状况，而是在工业社会中建筑师的状况。选取拉多通风机是一种双关，既代表了字面意义上的机械革命，也是工业革命的象征。在这篇文章中提道：“现代社会给予知识分子的酬劳并不合理，而它依然容忍旧有的房产规定，这成为改造城镇和房屋的严重阻碍。”勒·柯布西耶在这里捍卫的是公共房产以及通过大规模生产来解决住房问题的需要——他的批评明确地指向了工业社会中建筑师地位面临的“革命”的岌岌可危。[4]

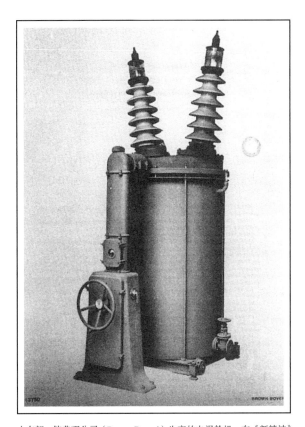

由布朗·鲍弗理公司（Brown Boveri）生产的电涡轮机。在《新精神》149
档案中的照片

Page entière réservée au

cliché d'un phare des

ANCIENS ÉTABLISSEMENTS SAUTER-HARLÉ

16, Avenue de Suffren,

PARIS

EXEMPLE D'UNE HISTOIRE DE CLICHÉS :

Mai 1924. Foire de Paris, Stand de l'Électricité : demande d'une photo du grand phare exposé par Sauter-Harlé.

Début Juillet : 1er téléphone pour réclamer le document (pourparlers avec plusieurs chefs de service, exposés de nos buts, moyens, etc..., etc...).

Quelques jours après : second téléphone (mêmes discours).

Quelques jours plus tard : visite d'un des directeurs de L'Esprit Nouveau aux Établissements Sauter-Harlé ; attente de 1 h. 1/2 dans les antichambres. Premier ingénieur, chef de service : exposé du but de la visite. Deuxième ingénieur : second exposé. Troisième ingénieur (enfin compétent!) : troisième exposé. Accueil plein de réserve : " Écrivez à la direction, à M. W... en exposant votre projet, vos buts, vos moyens et en spécifiant bien que ce sera entièrement gratuit ".

Le même jour : lettre d'exposé complet avec rappel des... stations du calvaire !

30 Juillet : troisième coup de téléphone ; réponse : " on ne sait pas. "

31 Juillet : quatrième coup de téléphone ; réponse : " on ne sait pas. "

1er Août : cinquième téléphone au patron M. W... Exposé général. M. W... demande qu'on écrive en envoyant un numéro de la revue, car M. R... autre patron, a déclaré qu'il ne donnerait pas la photo pour L'Esprit Nouveau.

Même jour, une demi-heure après, taxi. Visite de l'un des directeurs de L'Esprit Nouveau à M. W... Pas d'attente d'antichambre. M. W... fait un interrogatoire serré ; exposé éloquent des buts, des moyens, etc. Conclusion de M. W..., sévère : " notre phare n'est pas décoratif, etc... " Coupant court : " Je vous téléphonerai lundi le sort réservé à votre requête ". M. W... s'en va, sans saluer.

Depuis 15 jours les Établissements Sauter-Harlé savent que nous tirons notre N° 25 et qu'aujourd'hui est le dernier jour ! Mentalité fréquente de l'ingénieur drapé dans la haute fierté du chiffre. Incompréhension totale de ce qui n'est pas l'étroit champ de ses investigations. Telle est l'histoire d'un cliché, exemple entre tant d'autres, désespérant. On ne se comprend pas.

《新精神》第25期中为一件工业灯具保留图片位置的一页　　　150

《新精神》档案中索泰·阿尔莱（Sautter-Harlé）灯的照片。图片到得 151
太晚了！

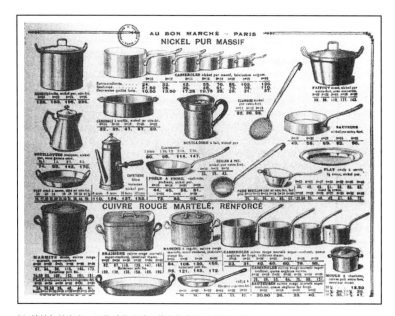

《新精神》档案中，巴黎乐蓬马歇百货的邮寄目录中的一页

152

在《新精神》上来自广告的图像要比来自严格的建筑来源的图像具有普遍性得多——例如，勒·柯布西耶对格罗皮乌斯在1913年发表在《制造联盟年鉴》（Werkbund Jahrbuch）上的文章里美国筒仓照片的广为人知的借用，而格罗皮乌斯的借用［以及随后通过先锋派期刊和出版物传播这幅图像，这些出版物有《风格派》（De Stijl）、《MA》、《新艺术家》（Buch neuer Künstler）等］⁵也许也可以被解读为一种"媒体现象"——正如雷纳·班纳姆所指出的，没有一个建筑师亲眼看到过一直处于讨论中的筒仓⁶——这种出现在《新精神》上的非正统广告里的宣传素材，表明了这本杂志在传统解读方式上的一种转变：从各种先锋派运动之间的内部交流（仿佛被封闭在他们自己的"魔圈"里，没有被低级文化的物质所浸染）转变为一种与新兴现实——广告和大众媒体文化的对话。

现代媒体本就是战争技术。它们从第一次世界大战后的技术革命中发展而来，就像汽车和飞机等高速交通工具是从战前革命中发展而来一样。⁷媒体是作为战争技术和设备的一部分发展起来的。通信技术使众多相距甚远的国家参与第一次世界大战成为可能，它架起了战场与新闻传播站、战争与决策之间的桥梁。据说马恩河会战就是通过"打电话"（coups de téléphone）⁸打赢的。第一次世界大战的经典记录说明了各国建立起来的政治宣传的重要作用，特别是通过报纸这种媒介。战后，这项技术逐渐民用化。就像20世纪20年代初欧洲各地建立了定期的常规航空服务一样，无线电和电信成为家喻户晓的东西。 156

与对于勒·柯布西耶的建筑和"机械时代"⁹文化之间关系的关注度相比，很少有人关注其与新的信息传播方式之间的关系，即建筑与消费时代文化的关系。讽刺的是，"机械时代"这个作为在当时颇具象征意义的概念，很大程度上是通过广告业的传播引发的。¹⁰为了确立建筑在那个时代所扮演的角色，有必要分析建筑与该行业机制之间的关系。

回顾而言，在艺术家/建筑师是新工业现实的"阐释者"的情况下，"机械时代"的概念对于维持"现代运动"作为一种自主性艺术实践的神话这一重要目的发挥了很大作用。对维持这个神话感兴趣的评论家们，是那些打着"机械时代"标签、把关于工业现实的不同看法汇集在一起的人，如未来主义者、达达主义者以及勒·柯布西耶主义者。然而，他们之间的不同之处比相似之处更引人注目。

例如，勒·柯布西耶在为《新精神》上"视而不见的眼睛"（Des yeux qui ne voient pas）一文（后来作为《走向新建筑》中的一章重刊）挑选图片时，从法曼、沃新恩、布莱里奥等公司的飞机目录中选取了图片，要提请注意的是，他在这里谈论的不是飞机，而是住宅的批量生产。他的兴趣是将建筑融 159

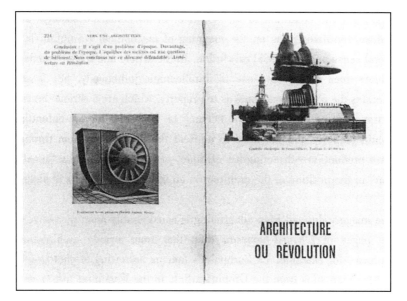

《走向新建筑》（1923年）中的一个对页，包括来自工业目录的通风设备和涡轮机的照片

154

选自《新精神》档案中拉多公司（Société Rateau）的宣传册，勒·柯布西耶在《走向新建筑》使用的通风机照片

155

《画报》（*L'Illustration*），1919年2月15日

157

《新精神》档案中瑞迪欧拉（Radiola）宣传手册的封面　　　　　　　　158

入当代的生产条件中（换句话说，未来主义者在使用同样的图像时，对工业化进程并不关心）。事实上，勒·柯布西耶对此不仅有哲学层面上的兴趣，他还与像加布里埃尔·沃新恩（Gabriel Voisin）这样的著名实业家进行过谈判。战争结束时，沃新恩公司试图通过进入建筑业来保持其飞机工厂的经营运转。[11]沃新恩生产过两个住宅原型，并发表在《新精神》["'沃新恩'住宅"（Les Maisons "Voisin"）]一文中，勒·柯布西耶和奥赞方在该文中写道：

"不能再等待挖泥工、泥瓦匠、木匠、砖瓦匠、管道工之间一个接一个费力地缓慢协作……住宅必须整体建造，用工厂的机床制造，像福特生产组装汽车那样，放在移动的传送带上组装……航空业正在实现批量生产的奇迹。**军人建筑师们**决定在飞机工厂中建造住宅；他们决定像制造飞机那样来建造这种住宅，采用相同的结构方式、轻质框架、金属支架和管状支撑。"[12]

勒·柯布西耶关注当代生产条件，必然会关注到维持这种生产的机制——广告、大众媒体和宣传。他所使用的飞机图像很大程度上是大众想象的一部分。举例来说，画报从迷恋式的展示战争飞机的图像转向了新型客机的图片，以致在1919年左右这些图像总是并排出现。勒·柯布西耶采用了现代的宣传手段：一方面，他通过引人入胜的图像抓住读者的视觉注意力，引导他们去关注他所提倡的概念——住宅的批量生产。另一方面，他所选择的图像中，暗含着将军事技术民用化的特点。从这些方面来看，正如玛丽-奥迪尔·布里奥特（Marie-Odile Briot）在现存为数不多的关于勒·柯布西耶和媒体的评论中所写的那样，勒·柯布西耶不仅"对媒体有直观的理解，对新闻也有明确的感觉"。[13]纯粹主义文化，我的意思是，勒·柯布西耶和奥赞方贯穿于《新精神》版面的关于工业日常生活的文化理论研究，可以被解读为对于新式传播文化、充斥着广告和大众媒体的世界的"反射"（reflection），而这个词有镜像反射和在理性上反思的双重含义。

这个词的第一重含义在于勒·柯布西耶对大众媒体文化的利用，即报纸杂志、工业宣传、百货公司邮购目录和广告中的日常图像，都作为"现成图像"被纳入他的编辑工作中。这些目录上的建筑师式的描摹和草图说明，他不是被动地使用这些图像；这些图表明了一种最终指向其设计实践的正式的探索。但还不止如此，这就要说到"反射"的第二重含义。勒·柯布西耶在印刷媒体的存在中，认识到一种关于文化功能和现代个人对外部世界感知的重要的观念转变。在《今日的装饰艺术》中，他写道："书籍、印刷品的惊人发展，以及对整个最近考古时代的分类，已经淹没了我们的头脑，让我们应接不暇。我们正处于一个全新的局面。**我们无所不知。**"[14]

160

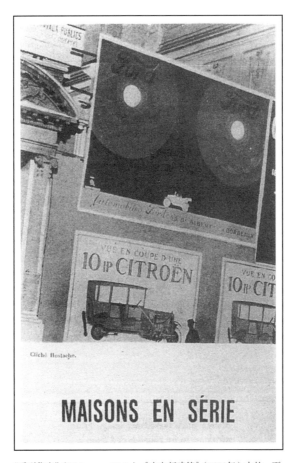

"系列住宅"（Maisons en Série），《走向新建筑》（1923年）中的一页　　　　161

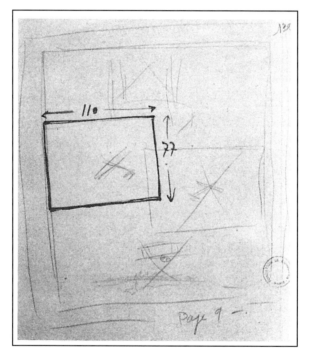

对法曼公司目录中飞机图像的速写   162

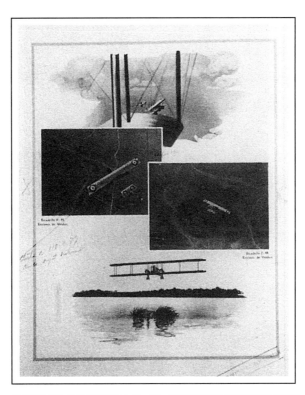

带有批注的法曼公司宣传册中的一页。所选取的图片后来被用作《新精神》第9期（1921年）题为《视而不见的眼睛：Ⅱ飞机》的文章的头图（题图），这篇文章后来成为《走向新建筑》的一章被再版

《走向新建筑》中的一页，图片来自法曼公司（Farman）目录

164

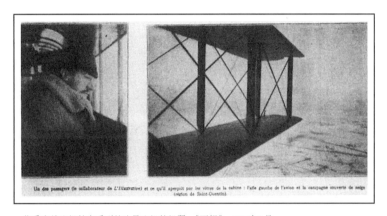

Un des passagers (le collaborateur de *L'Illustration*) et ce qu'il aperçoit par les vitres de la cabine : l'aile gauche de l'avion et la campagne couverte de neige (région de Saint-Quentin).

一位乘客从飞机舷窗看到的法曼飞机的机翼。《画报》，1919年2月   165

LES MAISONS " VOISIN "

Il semblait jusqu'ici qu'une maison fut lourdement attachée
au sol par la profondeur de ses fondations et la pesan-
teur de ses murs épais ; cette maison, c'était le symbole
de l'immuabilité, la «maison natale », le « berceau de famille »,
etc. Ce n'est point par un artifice que la maison Voisin est
l'une des premières à marquer le contre-pied même de cette
conception. La science de bâtir a évolué d'une manière fou-
droyante en ces derniers temps ; l'art de bâtir a pris racine
fortement dans la science.

   L'énoncé du problème a fourni à lui seul les moyens de réa-
lisation et, incontinent, s'affirme ici fortement l'immense révo-
lution dans laquelle est entrée l'architecture : lorsqu'on mo-
difie à tel point le mode de bâtir, automatiquement l'esthé-
tique de la construction se trouve bouleversée. Cet énoncé est
le suivant ; il fut formulé par des soldats en pleine guerre qui
se dirent en voyant tomber tant d'hommes autour d'eux :

"'沃新恩'住宅"，勒·柯布西耶–索格尼尔（Le Corbusier-Saugnier），
《新精神》第2期（1920年）

166

"沃新恩"住宅   167

为爱马仕箱包准备的排版打样,《新精神》第24期(1924年)

法国士兵战争期间的装备,《画报》, 1919年2月　　　　　　　　　　169

这种"无所不知"的新状况代表了传统文化的一个关键转变。矛盾的是，古典的、人文主义的知识积累成了问题。[15]我们可以开始读到勒·柯布西耶与这种转变相对立的立场，通过论及这种转变的一个方面，表达他对艺术作品在工业社会中的地位的看法。

在勒·柯布西耶看来，艺术在社会中的角色被大众媒体的存在彻底地改变了。在《今日的装饰艺术》中，他写道："如今，我们情感的语言表达方式是通过书籍、在学校里、报纸上以及电影院里广泛传播的，在我们之前的几个世纪里，它是通过艺术来表达的。"[16]另外，他和奥赞方在《现代绘画》的序言中写道："模仿性的艺术已经被摄影和电影抛在了后面。出版物和书籍的运作比起与宗教、道德或者政治目的有关的艺术要有效得多。当今艺术的命运将会如何呢？"[17]

物体的不稳定状态

勒·柯布西耶将广告宣传的图像作为现成图像的做法中存在的一个问题是，其与达达主义的实践在多大程度上是相同的。这个问题包含了一个在最近的批判话语中变得很重要的观念问题——现代主义和先锋派在20世纪上半叶语境中的区别是什么。[18]

例如，皮卡比亚（Picabia）从邮购目录和广告中选取机器的图像进行重新绘制，赋予其传奇色彩，制作了一系列"物体–肖像"（objects–portaits），其中包括《这就是哈维兰》[*Voilà Haviland*，将保罗·哈维兰（Paul Haviland）画作一个便携式电灯的肖像画]、《这就是斯蒂格利茨》[*Ici, c'est ici Stieglitz*，将阿尔弗莱德·斯蒂格利兹（Alfred Stieglitz）画作一架折叠式照相机]、《裸体的美国女孩肖像》（*Portrait d'une jeune fille américaine dans l'état de nudité*，被画作火花塞的美国女孩）等，这些作品都被重刊在斯蒂格利兹主办的杂志《291》上。[19]但与皮拉比亚不同，勒·柯布西耶并没有一直拘泥于某种悲剧**场景的**再现性范式。他在页面上并置各种图像：意义蕴藏在空白之中，蕴藏在图像与文字之间空白的沉默中。机器元素并非以再现的方式被使用，而是作为一种"间离"（disjunctive）的元素存在。

将勒·柯布西耶和马塞尔·杜尚进行比较或许更能说明问题。以制造商梅森·皮尔逊（Maison Pirsoul）生产的坐浴盆为例，其图像被勒·柯布西耶作为题图放在《新精神》中"另一些图像：博物馆"（Autres icons: les musées）一文的开头，杜尚1917年的《署名R. 马特的泉》（*Fountain by R. Mutt*）也是这样的例子 [顺便说一句，J. L. 莫特（J. L. Mott）当时是一家著名的铁器制造商。除了盥洗器具外，莫特还生产真正的喷泉，这些带有神话主题的精美物件确实非常"艺术"。这表明了诞生于其他产品之中的这件《署名R. 马特的泉》是一种关于这个制造商

170

171

名字和产品的双关，而杜尚一定是通过广告知道了这一点〕。[20]

如果我们无视再现的媒介作用，那么《署名R. 马特的泉》[①]和梅森·皮尔逊的坐浴盆其实就是两个有下水的器具。显然，两者都是有意地被作为（用达达主义者所珍视的性影射）对艺术制度的攻击。不那么显而易见的事实是，它们都只是作为复制品而存在。前者是源于在《新精神》杂志上的刊登；并没有其他的"原作"。后者本被期待在纽约独立派沙龙上展出，因为被拒绝了，所以从未展出过，留下的只有它的照片而已。然而，正是这些记录，加上碧翠斯·伍德（Beatrice Wood）在纽约达达主义刊物《盲人》（The Blind Man）上发表的一篇当代批评文章，确立了这件作品在历史上的一席之地。原来的物件——那个真正的小便池，已经消失了。因此，这两个"物件"都只是作为"复制品"存在。缺少原件的另一个原因与复制品所代表的客体特征有关。杜尚的作品是一种被批量生产的物件，被颠倒、签名，并被送去参加艺术展览。勒·柯布西耶的"原材料"是一个显然取自工业目录的广告图像，被刊登在了艺术杂志的页面上。

这两种记录有表面上的相似之处。然而，它们的不同之处体现在各自姿态的意义和所处的语境。《署名R. 马特的泉》所处的语境是展览空间。即便它从未在那里展出过也没关系。它必须被放在特定的背景中去思考；它不能脱离其解释去思考，它不存在于它的解释之外。正如彼得·伯格（Peter Bürger）在他的《先锋派理论》（Theory of the Avant-Garde）一书中所说，杜尚的先锋性姿态来自批量生产的物品的一面与签名和艺术展览的另一面之间的反差。通过为一件批量生产的物品签名，杜尚否定了个人创作的范畴，揭开了艺术市场的面纱——在艺术市场上，签名的权重远大于作品质量。在伯格的定义中，这种先锋性姿态是对作为一种制度的艺术的抨击。[21]

我们能在多大程度上把勒·柯布西耶的坐浴盆视作一种先锋性姿态呢？坐浴盆的语境是《新精神》。这张图片是一篇题为"另一些偶像：博物馆"（Other Icons: The Museums）的文章的题图，属于1923年至1924年出版的系列文章中的一篇，1925年在《今日的装饰艺术》上再版。这个系列是为了准备1925年在巴黎举行的装饰艺术博览会而发行的。勒·柯布西耶在这篇文章中写道："博物馆刚刚诞生，在之前的其他时代并不存在。博物馆在它们具有倾向性的片段展示中，并不存在范式模型，只是呈现出某种观点的元素。真正的博物馆应该是包罗万象的。"

这些关于博物馆的言论再一次与杜尚不谋而合。博物馆的观众只能进行智力上的活动；沉思已不再可能。当《署名R. 马特的泉》被独立派斥为"剽窃，一件普通的管道设备"时，比

180

① 即《泉》。——译者注

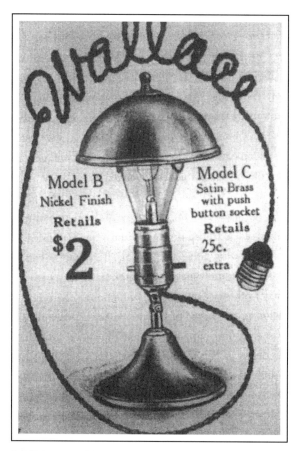

华伦斯（Wallace）便携式电灯的广告

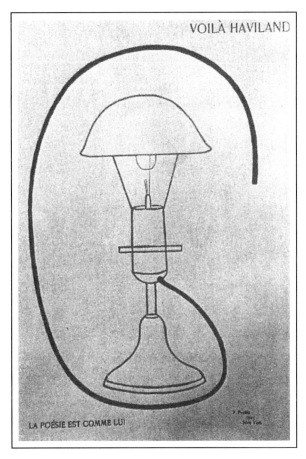

VOILÀ HAVILAND

LA POÉSIE EST COMME LUI

弗朗西斯·毕卡比亚（Francis Picabia）   173
《这就是哈维兰：诗歌就像他》（ *Voilà Haviland, la poésie est comme lui,*
1915 ）。

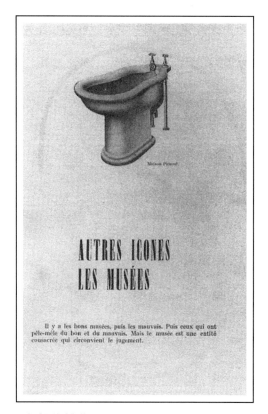

选自《新精神》第20期的一页（1924年）

174

《理查德·马特案例》(*The Richard Mutt Case*),《盲人》第2期(1917年) 175

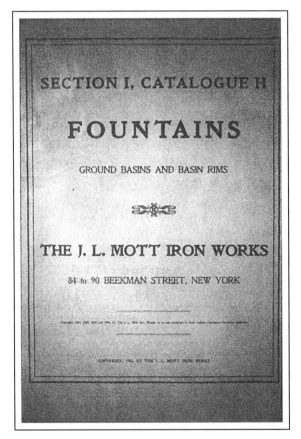

制造商J. L. Mott发行的《泉》（Fountains）宣传目录的封面 176

选自《泉》目录的插图页　　　　　　　　　　　　　　177

"立体派与达达主义"（Cubistcs contre Dadaistes），《新精神》档案中的剪报

178

《新精神》档案中的明信片。来源未知

碧翠斯·伍德（Beatrice Wood）在《盲人》中写道，“马特先生是否亲手制作了这个泉并不重要。（重要的是）他**选择**了它。他取用了一件普通的生活用品，把它放在那里，使它的功用意义在新的标题和视角下消失了，也就为这一物品创造了一种新思想。”[22]假如说博物馆改变了艺术作品——事实上，创造了这样 181
的艺术作品——并且只允许参观者对它有智识上的体验，那么马塞尔·杜尚的行为就包含了为这种情况提供证据的意味：为一种普通产品创造一种新思维。

梅森·皮尔逊浴盆是一种日常用品，一种工业产品，勒·柯布西耶从未打算摒弃它的这种身份。他表示，把它放在博物馆里并不意味着他打算把它作为一件艺术品来展示。坐浴盆应该放在博物馆里——确切地说，应该放在装饰艺术博物馆里——对勒·柯布西耶来说，这意味着坐浴盆表达了我们的文化，就像某个地方的民间传说表达了那个地方在其他时代的文化一样。但在铁路已经通达的地方——正如勒·柯布西耶在路斯之后所意识到的——民间传说已经不复存在了。[23]民间传说与工业产品都是一种集体现象。现代装饰艺术不具有艺术创作的个人化特征，而具有工业产品和民间传说的匿名性。

当杜尚在质疑艺术制度和艺术的个人化生产时，勒·柯布西耶则更接近阿道夫·路斯（阿道夫·路斯也对盥洗材料着迷）的想法，对实用品和艺术品进行了区分。事实上，勒·柯布西耶在《今日的装饰艺术》中提出的论点受到路斯很大的影响，路斯不仅在1898年写了著名文章“管道工”（The Plumbers），还在1907年写了另一篇名为“冗余物”（The Superfuous）的文章，该文章是写给德意志制造联盟的建筑师们的。他在文中写道：

“现在他们都聚集在慕尼黑召开会议，想向我们的工匠和实 183
业家证明他们的重要性。只有那些设法避免了冗余的工业产品，才能获得我们时代的风格：我们的汽车工业、玻璃制品、精密仪器、手杖和雨伞、手提箱和旅行箱、马鞍和银烟盒、珠宝和服装都是现代的……当然，我们这个时代所发展出的产品与艺术没有任何关系……19世纪将会因为其在艺术与工业之间造成的彻底决裂而载入史册。”[24]

与人们对路斯的普遍看法相反，并非只有那些不装腔作势的工匠、马具大师们才是“现代的”。对于路斯来说，现代，包含了我们所不知道的一切：匿名的集体生产。勒·柯布西耶像路斯一样，在艺术与生活、艺术品与日常物品之间作了区分。他不否认艺术创作的个体性。在《今日的装饰艺术》中他写道：

“装饰艺术的永恒性？或者更准确地说，我们周遭物体（的永恒性）？我们需要在此作出判断：首先是西斯廷教堂，然后是椅子和文件柜——说实在的，这些都是次要问题，就像男人的西装裁剪在他的生活中是次要问题一样。（这是一种）等级层次。首先是西斯廷教堂，也就是说，那些真正铭刻着激情的作

民间传说 "Usurpation/Le Folklore",《新精神》第21期（1924年），《今日的装饰艺术》中再版

品。其次，才是用来坐着的机器、归档的机器、照明的机器、打字机、关于提炼的问题、关于简化的问题……"[25]

这段话有三个关键词：**永恒、激情和提炼**。前两个与艺术有关，第三种与日常物品有关。对勒·柯布西耶来说，艺术的本质在于它的永恒性和持久性。正如班纳姆所指出的，勒·柯布西耶拒绝了未来主义的无常（caducità）理论或者说艺术作品的短暂性。他将艺术作品与技术作品区分开来，并坚称只有后者才是易朽的。[26]

勒·柯布西耶反对理性的产物，推崇激情的产物，这种激184情来自有创造力的人、天才。艺术作品有能够激发出某种情感的能力，在本质上不同于一件美丽的物品所带来的愉悦，其能力在于无论何时何地，都可以辨认出创作它的艺术家的激情姿态。因此，他将艺术作品与日常物品、艺术家与社会上所有其他"生产者"区分开来。

最后，《今日的装饰艺术》提倡清洁和纯净。这个概念再次让我们想到路斯，在"管道工"一文中作出"奥地利和美国之间最显著的区别就是管道工"（这让人想起杜尚曾声称"美国唯一的艺术作品就是管道和桥梁"）[27]的评论之后，他接着说：

"我们并不真的需要艺术，我们甚至还没有自己的文化，这正是政府可以出手相助的地方。与其本末倒置，把钱花费在艺术上，不如让我们尝试创造一种文化。让我们在学院旁边建造浴室，雇佣教授的同时也雇佣浴室服务员。"[28]

然而，路斯这些刻薄和不敬的文字应该区别于达达主义的震慑策略。瓦尔特·本雅明关于卡尔·克劳斯的评论在这里也适用于路斯，他曾预言20世纪将有一种单一的文明主宰地球："讽刺是地域艺术唯一合理恰当的形式。""最伟大的讽刺作家，"本雅明继续说，"在即将登上坦克、戴上防毒面具的一代人中，他的脚下没有比这更坚实的基础了，这一代人已经流干了眼泪却没有欢笑。"[29]勒·柯布西耶是战后的人物，路斯是战前的人物。勒·柯布西耶心目中的建筑师，确切地说，是一个"军人建筑师"；而路斯心目中的建筑师是一个"懂拉丁语的泥瓦匠"（一个有修养的工匠）。

虽然在他们的作品之间是有可能建立起联系的，但一个关185键的问题仍然没有得到解答：这条战争分界线在多大程度上导致他们成为如此不同的历史见证者？

建筑师作为（再）生产者

勒·柯布西耶在他的著作和文章中，借用了现代广告的修辞和说服技巧来论证自己的理论，并通过将实际的广告融入自己的愿景，模糊了文本和宣传的界限。他是有意这样做的，他认为以这种方式进行说服才是最有效的。他在发给实业家们的宣传手册中宣称："《新精神》读起来很平静。你要出其不意地让你的客户变得平静，远离交易，（然后）他就会听你的，因为他不知道你在招揽他。"

在获取广告合同时，勒·柯布西耶经常颠倒常规流程。一旦他在文章中使用了工业目录中的图片，或者甚至在评论版中刊发了实际的广告，他就会给该公司寄去一封附有《新精神》杂志的信，要求该公司支付宣传费用。当然，这一要求并非如此粗鲁，而是包装在勒·柯布西耶的溢美之词下：贵公司的产品被精选出来作为时代精神的代表，等等。

这种策略并不总是奏效："摩奈手提箱（Les bagages Moynat）非常感谢《新精神》杂志在第11期和第13期给予的免费宣传……但我们目前还不能承诺签订广告合同。"然而，在某些情况下，像依诺维绅公司一样，勒·柯布西耶不仅为《新精神》获得了广告合同，还得到了重新设计和出版其目录的委托。

这种类型的委托——也在寻求与像英格索兰（Ingersoll–Rand）& 罗尼欧（Ronéo）等公司的合作，是一个由勒·柯布西耶所构想的更广项目的一部分，被称作"新精神目录特别版"（*Catalogues spéciaux de L'Esprit nouveau*）："我们因此构想了一种几乎是社论的宣传方式，但它只能用于——这显而易见——那些在制造和使用上与《新精神》在一定程度上契合的产品"（要注意的是，重要的不是产品本身，而是它的制造和使用方式）。"《新精神》本身对刊登广告的公司产品的评价，是涉及受众群的，（因此）定能产生与普通宣传截然不同的效果。"[30]

采用这种宣传方式的公司会在《新精神》上刊登为期一年的整版宣传，每期都采用不同的文字和配图。到年底时，这12期版面将被集合编印成"印在高级纸张上、发行量为3000份（或更多）的"被称为"新精神"的册子或目录，以便刊登广告的公司"能用来分发给其一部分特定的客户。"

依诺维绅的第一版"社论宣传"出现在《新精神》第18期上。与传统的依诺维绅目录的文本不同，"一个依诺维绅衣橱的容量是普通衣橱的三倍，创立秩序，避免不必要的折叠。"——其中一条写道，"系列化的建造对于搭建房子十分必要……"这种表述在《新精神》第19期中继续道："系列化的建造是为了投身于对于元素的追求……通过对元素的分析，可以达到某种标准。我们必须建立建造的标准——窗户、门、平面图、布局以及现代人为了舒适和卫生所需要的所有室内机械设备。"这种语气似乎在逐渐加强。在《新精神》第20期中的一个对页以沙漏形式排版，开头写道："战争已将我们从麻木中唤醒。泰勒主义已被谈及和实现了。"在这些页面中，几乎没有具体提到依诺维绅产品。

虽然这里并不想对勒·柯布西耶所制作的宣传册页进行一个全面的分析——我还是该顺便提一下，这种分析将会非常有

187

190

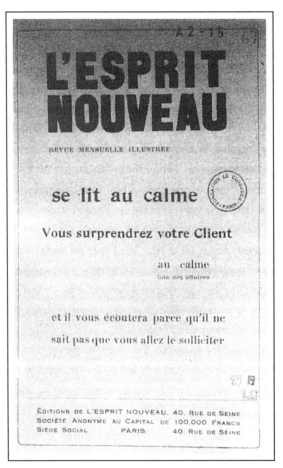

针对杂志潜在广告客户而制作的《新精神》宣传手册 186

衣柜箱形状的依诺维绅宣传单，来自《新精神》档案　　　　　188

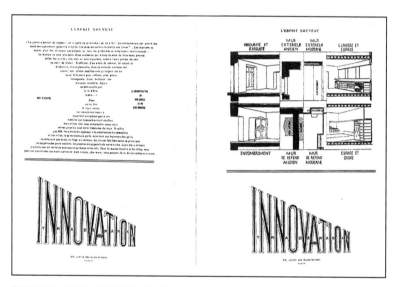

依诺维绅的对页广告,《新精神》第20期（1924年）

助于理解勒·柯布西耶的思想体系，而且对于追溯他某些建筑概念的来源（如水平长窗）也会很有帮助——我将尝试把勒·柯布西耶的这种策略与当代广告策略联系起来。

在《现代广告的制作》（*The Making of Modern Advertising*）一书中，丹尼尔·波普（Daniel Pope）将广告的历史分为三个时期。第三个是现代时期，从1920年延续至今，被定义为"市场细分时代"（era of market segmentation）。此时，市场开始从为大众消费的生产——也就是说，为无差别的消费群体服务——转变为一个划分等级的市场，其特点是消费者被组织成定义相对明确的子群体。《新精神》的特别目录版显然属于这一类。在这种语境下，受众成为要兜售给刊登过广告的公司的"产品"。因此，与依诺维绅签订的合同规定："让纳雷先生将亲自负责文字的写作和配图的选择，从而使目录可以积极地影响您的客户，尤其是建筑师。"[31]

柯布西耶采用的另一种宣传策略包括在实际的广告中描绘他自己的作品，就像在《现代建筑年鉴》中经常出现的那样（这本年鉴的内容原本要制作成《新精神》的第29期，但这期从未面世）。文本和广告中使用的图像是相同的。有时，建筑师的作品图像会出现在其参与建造的公司［如莎莫公司（Summer）、尤博利思公司（Euboolith）等］的广告中，这一策略清楚地说明了前述观点——这一宣传是针对特定目标群体的，在这种情况下，针对的是建筑师。

而反转这种宣传的过程，会增加另一个维度，就像"别墅-公寓"（Immeuble-Villas）案例中所发生的那样。其在年鉴文本中的图片与在广告中的图片再次一样。但"别墅-公寓"其实并不存在，它们在广告中的出现，赋予其一定程度的合法性（超出了出版赋予的合法性）。广告的语境把概念和事实混淆起来。同样的情况，也发生在当勒·柯布西耶为开展他富有远见的项目与实业家们联合时。正如斯坦尼斯劳斯·冯·莫斯（Stanislaus von Moos）所指出的，勒·柯布西耶曾试图让米其林轮胎公司参与沃新恩在巴黎的规划。该规划曾被称为巴黎市中心的米其林和沃新恩规划（*Plan Michelin et Voisin du Centre de Paris*）[①]。勒·柯布西耶在给米其林的信中写道："通过将'米其林'这个名字与我们的计划相结合，该项目将获得相当大的大众吸引力。比如，以一种比通过书籍更基本的方式来鼓动公众舆论将成为可能。"[32]这句话揭示了勒·柯布西耶对工业宣传的兴趣是双重的：一方面，他需要实业家为他的项目、社论以及其他事务提供经济支持；另一方面，由于这些公司的名字和产品在大众文化中的声誉，与其联系将会产生成倍的效果。当然，《新精神》中宣传与内容之间界限的模糊，不仅对广告产品，而

---

① 瓦赞规划。——译者注

尤博利思的广告,《现代建筑年鉴》,1925年　　　　　　　　　　　　　　　191

且对评论理论的传播也更加有效。每当读者面对另一语境，例如，罗尼欧的广告，他们会不可避免地联想到勒·柯布西耶的思想。

勒·柯布西耶有效地利用了《新精神》来宣传自己的作品。在基金会的评论档案中有一个盒子，里面装着许多潜在客户的信件。这些人或是杂志的读者，或是装饰艺术博览会（Exposition de Arts Decoratifs）新精神馆（L'esprit Nouveau Pavilion）的参观者。正如罗伯托·卡贝蒂（Roberto Cabetti）和卡洛·德尔·奥尔莫（Carlo del Olmo）所指出的，勒·柯布西耶利用这个展馆并不是为了推行杂志，而是为了吸引专业客户。[33]勒·柯布西耶回复了他收到的信件，寄出了设计草图和初步预算，在一些情况下，还对实际选址做了提案。虽然这是一个需要详细研究的主题，但对我们的目的来说，注意到《新精神》的一些读者已经成为实际客户就足够了。

当《新精神》在1925年停刊时（"5年对于一本杂志来说很长了"，勒·柯布西耶宣称，"人不该一直不断地重复自己。其他人，那些更年轻的人，会有更新鲜的想法"），他从这一经历中崭露头角成为一位知名的建筑师。这个成熟的过程得益于他发表的评论和这些评论所触及的听众的特质。巴黎春天百货公司的子公司春华工作室（Ateliers Primavera）收到了一封意在获得广告合同的信件，其中的统计数据显示，《新精神》的订户中只有24.3%是艺术家（画家和雕塑家），其余的都是"在社会中活跃的人"。当然，建筑师和医生、律师、教师、工程师、实业家及银行家一样，属于后者。尽管这些统计数据并不完全可信，勒·柯布西耶在杂志最大发行量是3500册时宣称《新精神》的发行量有5000册——在同一封信中他声明，"《新精神》正是在活跃的社会环境中获得了最有共鸣的反馈"，这一表述不仅是将《新精神》的读者作为"产品"推销给春华工作室的一种销售策略，同时也揭示了勒·柯布西耶将自己的作品融入当代生产环境的强烈愿望。据他所说，最大的订户群体由实业家和银行家组成，占31%；建筑师占了8%。[34]这本由勒·柯布西耶负责制作的杂志，其资金也主要来自实业家和银行家，他们中的许多人是瑞士裔。[35]

勒·柯布西耶对媒体的理解也使他的评论在国际建筑圈中占有一席之地。《新精神》第17期刊发了一幅展现了杂志在世界各地的订户分布情况的地图。勒·柯布西耶和奥赞方甚至一度尝试推出这本评论杂志的英文版，但这个被他们称为"美国事件"（L'affaire Américain）的计划从未实现过。[36]《新精神》曾经是与《MA》、《建筑》（Stavba）、《风格派》、《Veshch/Gegenstand/Objet》、《Disk》及其他一些这样的先锋派杂志间相互交流的网络的一部分。保存在基金会的信件显示了勒·柯布西耶与埃尔·利西齐（El Lissitzy）、伊利亚·爱伦堡（Ilya

194

195

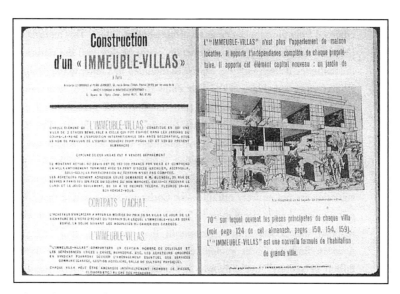

"别墅–公寓"的广告，《现代建筑年鉴》，1925年

Ehrenburg）、沃尔特·格罗皮乌斯（Walter Gropius）、拉兹洛·莫霍利–纳吉（Laszlo Moholy–Nagy）、特奥·凡·杜斯堡（Theo van Doesburg）、卡雷尔·泰格（Karel Teige）以及其他一些人的交往联系。也许在这方面，不仅是在象征层面上，最生动典型的文献是1925年西格弗里德·吉迪恩写给勒·柯布西耶的一张卡片，上面提及了他正在准备写一本关于现代建筑的书，是莫霍利–纳吉建议他拜访勒·柯布西耶的。

我们在先锋派的关系网中已经能够看到其致力于取得自身历史合法性的努力。而这正是吉迪恩作为现代运动的第一个"操作性批评家"（operative critic），会全力以赴去做的事情。正如塔夫里所说，"**操作性评论**通常是指一种对建筑（或广义上的艺术）的分析，这种分析不是抽象的调查，因其目标是计划一种精确的理想化的倾向，其结论基于其结构已可预见，是源于通过程式化设定而扭曲和定型的历史分析。"[37] "操作型评论"与"消费主义"文化之间的关系是显而易见的。标签化的过程消除了差异，产品转而变得有市场了。现代建筑不只是简单地与大众文化对话或利用大众文化，其自身从一开始就是一种商品。也许没有什么能比1932年在纽约现代艺术博物馆举办的"现代建筑"的展览和随之出版的《国际式风格：1922年以来的建筑》（*The International Style: Architecture since 1922*）一书更能说明这一点了。

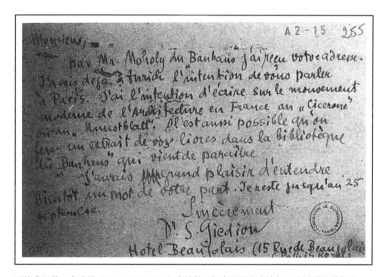

西格弗里德·吉迪恩（Sigfried Giedion）寄给勒·柯布西耶和皮埃尔·让纳雷的明信片　　　　199

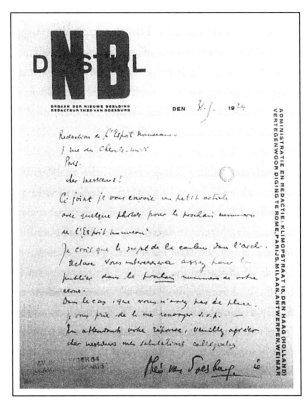

特奥·凡·杜斯堡写给《新精神》编辑的信，1924年4月10日

196

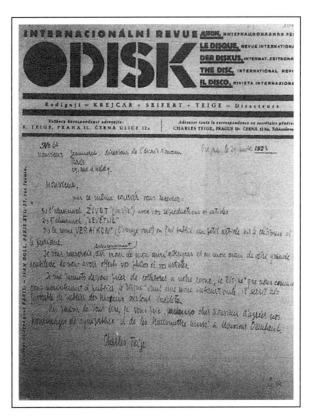

卡雷尔·泰格写给勒·柯布西耶的信，1923年1月29日 197

博物馆

对勒·柯布西耶的（美式）转译

当现代运动到达美国时，在由亨利–罗素·希区柯克
（Henry–Russell Hitchcock）和菲利普·约翰逊（Philip Johnson）
策展的"现代建筑"展览中，以及两位作者随后撰写的《国际
式风格》（*The International Style*）一书中，勒·柯布西耶对大
众文化的参与似乎在转译过程中被抹去了。他的作品，同现代
运动其他人物的一样，被仅仅从美学的角度进行理解，并被简
化成一种没有社会、道德和政治内容的"风格"。[1]这种转译的
粗暴如今已是众所周知。但就此处所遵循的高雅文化与大众文
化之间的博弈来看，"风格"问题需要被重新审视。

博物馆向美国公众展示了早已存在的文化现实。在推进现
代性、当下流行的同时（希区柯克和约翰逊反复强调，"国际式
风格已经在当下存在了"），这个展览实际上是一个回顾展："我

们这本书是在回顾了过去10年的基础上写成的。"也就是说，这个"当下"实际上是最近的过去，但是这个过去并非简单地投射到未来："当然，国际式风格——这是大多数人没有意识到的——在1932年就几乎已经结束了，但我当时没有意识到这一点。你可以意识到历史，但是当你身在其中时是不可能知道自己正在做什么的。"[2]这些让人想起勒·柯布西耶的话："我们的时代正日复一日地决定着自己的风格。不幸的是，我们的眼睛无法辨别。"对勒·柯布西耶来说，这种当代风格恰好可以在日常用品和工业产品中，也就是说，在不做作的匿名设计中找到。然而，对约翰逊和希区柯克来说，国际式是由几位大师及其代表作所明确建立的"完成作品的经典"。他们在书中写道："现代建筑的四位领导者是勒·柯布西耶、乌德（Oud）、格罗皮乌斯和密斯·凡·德·罗。"在其1966年版的前言中，希区柯克庆幸自己这本书出版得多么适时，他写道："如果我们早几年写这本书——比如我写《现代建筑》的1929年……我们所指认的这种风格的完成作品中的经典，还远未完成，因为新风格最好的两栋房子——勒·柯布西耶的萨伏伊别墅和密斯的图根哈特住宅——当时还不存在。"[3]

对于关注日常生活的勒·柯布西耶来说，新风格无处不在，也正因为如此才难以辨识出来。对于关注高雅文化特殊时刻的约翰逊来说，困难在于国际式风格必然会在它受到推崇的那一刻消亡。国际式风格在1932年结束了，因为它从来没有在其再现形式——展览和与之相伴的书——之外存在过。它的产生和终结都伴随着媒体宣传推波助澜的消费。一些建筑师的实践被贴上"国际式风格"的标签并（通过进入博物馆）被认定为高雅艺术，它必然会离开这个领域，传播到流行文化中，并成为流行文化。

在这方面，重要的是要考虑，像纽约现代艺术博物馆（MoMA）这样的机构在建立国际式风格方面所起的作用。这个博物馆显然是在把现代运动建筑师的素材作为"艺术"来收藏。在开馆仅仅两年后，"现代建筑"展览和《国际式风格》这本书就为博物馆提供了一个建筑部门（由约翰逊领导）。在这些方面，这个机构只能通过将现代运动从日常生活中分离出来，来构建自身，使之成为供高雅文化利用的生活方式。

策展人确立了艺术与生活、艺术品与日常生活物品之间的二分叙事，在建筑学与建筑物之间，在"审美"与"技术或社会逻辑"之间，保持了一种等级关系。在1982年的一次采访中，约翰逊说：

"我们书中的最后一句话是唯一重要的一句话——'我们仍然有建筑学'——因为功能主义者否定了它。我们带着对功能主义者的满腔愤怒写了这本书，德国社会主义民主党的人将建筑作为社会革命的一部分。我们认为建筑学仍然是一门艺术，是可以好好研究的。因此，建筑师不必担心社会影响，而应当关心作品是否好看。在这个意义上，我们在现代运动中只有三个同盟——勒·柯布西耶、乌德和密斯。与格罗皮乌斯对话是死路一条，因为他仍然喋喋不休地讲着吉迪恩式的关于社会纪律和革命的陈词滥调；也就是说，用勒·柯布西耶的话说，'如果你有足够的玻璃墙，你就变得自由了。'"[4]

与那些声称"现代世界既没有时间也没有金钱来把建筑物提升到建筑学高度"的"功能主义"建筑师和批评家[汉斯·迈耶（Hannes Meyer）和吉迪恩]相反，希区柯克和约翰逊认为，这些论点在俄国以外的当代世界是无效的："无论他们是否该这样做，许多客户仍然能够负担得起除建造之外的建筑学成本。"[5]这些客户是那些买得起艺术品的人。 204

尽管这座博物馆扭曲了现代建筑与日常生活的联系，但是从另一种意义上说，它又比其他任何人都更加清楚地理解这种联系。当然，这种清晰性并不包含在对那种建筑的具体描述、书面文本或选定的特定图像中。更准确地说，这种清晰性体现在他们对传播媒介的透彻理解：通过展览及其配套的目录，以及后续的书。从这种特定意义上来说，他们非常密切地追随着勒·柯布西耶。

阿尔弗雷德·巴尔（Alfred Barr，博物馆的创始馆长）在介绍这个展览目录的开头时这样写道："在过去四十年里，博览会和展览可能比任何其他因素都更多地改变了美国建筑的特征。"因此，他从一开始就宣称，在塑造美国建筑方面，展览比学校、报纸、杂志，当然还有建筑本身的实践都更加有效。换句话说，展览比建筑更加"公共"。这种对媒介的敏感也体现在他对《国际式风格》一书的介绍中，他对当代美国建筑的混乱和困惑表示哀叹，这种他所明显解读到的混乱并非在真正的城市中，而是表现在两篇具有代表性的美国杂志的文章中："新时代的新建筑"（New Building for the New Age），"据说能代表欧洲正在发生的事情"；以及"钢铁诗人"（Poets in Steel），一篇关于现代美国建筑的文章。[6]巴尔认为，美国建筑中的"混乱"首先是一种公众舆论的混乱。"现代建筑：国际展览"（Modern Architecture：International Exhibition）和《国际式风格》一书是为了改变这种观点而设立的宣传活动。

事实上，正如特伦斯·莱利（Terence Riley）所指出的那样， 206"国际式风格"最初是作为一本书构思出来的，后来才成为一场展览。[7]最初的计划是用一种更流行的方式和更多的插图重写希区柯克的《现代建筑》（1929）。在希区柯克和约翰逊前往欧洲之前，巴尔就已经对这本书进行了评论，并称赞它是一项"学术成就"，但他也发现，这本书对普通读者来说"太过掉书袋"，插图的使用也"过于吝啬"。[8]在很大程度上是由于出版的困难，才产生了这个展览的想法。1930年7月，约翰逊在给他母亲的信

"现代建筑：国际展览"展览目录册封面，纽约现代艺术博物馆，1932年2月
9日—3月23日

中写道："在德国，没有人想再看一本关于现代建筑的书。""我们徒劳地解释说，没有一本书涵盖了整个风格，并且除了风格之外别无他物。"[9]1930年12月，第一个展览提案被提出。

从一开始，组织者就宣称他们会致力于宣传。在给博物馆的提议书中，他们写道："展览的宣传将是广泛的。除了在新闻、报纸和杂志上的公告和评论，可以肯定的是，展览的综合感染力，将吸引来自建筑师、工程师、实业家、建筑商以及公众的进一步关注。该展览的试验性以及它的适时出现，无疑会引起生动而富有成效的争议。"[10]目录的重要性被强调作为一种"宣传"工具，而不仅仅是一种"文献"来源。此外，作者指出了它的永久价值（相对于该展览比较短暂的价值而言）。

但是，即使是展览本身，也要通过在美国各地广泛地巡展来扩大其影响规模（事实上，这个展览在纽约现代艺术博物馆展出结束后，巡展了大约7年）。希区柯克和约翰逊从一开始就计划要让一般公众参与进来，他们进一步尝试在全美国范围内举办一系列讲座，不仅在博物馆和其他艺术机构举办，而且更重要的是，在百货商场，如在芝加哥的西尔斯百货［即西尔斯·罗巴克公司（Sears, Roebuck & Co.），通常称为西尔斯百货］和在洛杉矶的布洛克百货（Bullock's）巡展，哪怕曾在那个城市巡展过。正如勒·柯布西耶曾试图通过《新精神》吸引法国百货公司参与他的住宅现代化之战一样，约翰逊和希区柯克也试图打入高度保守的中产阶级住宅市场。约翰逊在这方面尤其直言不讳："（对公众而言）最有趣的展览仍然是私人住宅。"私人住宅被挑选出来作为推广"风格"的载体，因此成为展览会上享有特权的项目。约翰逊甚至通过在展览中为该类项目提供更多的展示空间来吸引建筑师展示住宅："我希望有尽可能多的私人住宅。事实上，我正在考虑向建筑师们建议，如果他们提交的项目中有一个是私人住宅的话，他们可以提交多个模型。"[11]展览几乎完全由家居型建筑组成：弗兰克·劳埃德·赖特（Frank Lloyd Wright）展示了他的台地住宅项目的模型，以及罗比住宅（Robie house）、罗伯茨住宅（Roberts house）、米勒德住宅（Millard house）和琼斯住宅（Jones house）的照片；勒·柯布西耶展示的是萨伏伊别墅的模型，以及贝斯特吉公寓（Beistegui Apartment）、斯坦恩别墅（Villa Stein），以及在魏森霍夫住宅群（Weissenhof Siedlung）项目中的双拼住宅（Double House）的照片；乌德展示的是在派恩赫斯特（Pinehurst）住宅项目的模型；密斯展示的是图根哈特住宅的模型，以及兰格住宅（Lange house）、约翰逊公寓（Johnson apartment）和巴塞罗那馆（Barcelona Pavilion）（如果它不是一座住宅，也可以说是一个家居型项目）的照片。

如果"国际式风格"被认为是现代建筑的一种宣传活动，那么这种宣传的目标受众是一个比"买得起艺术品"的群体大

"现代建筑"展览中的装置布景，纽约现代艺术博物馆 208

得多的群体：百货商场的公众，中产阶级，并且主要是女性。在这些促销活动中出售的不仅仅是房子。毕竟，因这个展览而出现的博物馆"建筑部"其前身是"建筑与设计部"。这种国际式风格公开推广了私属的生活方式，不仅是因为展出的是一些艺术收藏家的私人住宅，而且它为大众消费提供了一种形象，以多种多样、相对可负担的价格、设计师产品的形式，作为展览的一部分展现出来的，其中包括地毯、椅子、灯具、桌子、电器，等等。

勒·柯布西耶在《今日的装饰艺术》一书中已经指出，艺术"无处不在"——在大街上，在城市里——但在家里却是缺失的。他自己发起的运动正是为了使住宅能够与20世纪同步。纽约现代艺术博物馆有效地实现了这一目标。连传统上是城市发言人的芒福德（Mumford），在评估私人住宅的相关性时也极为清晰。他在"现代建筑：国际展览"的初始目录中关于住宅的章节（《国际式风格》一书中没有包含的一章）中写道：

"住宅建筑构成了任何文明中的主要建筑作品。在过去的一百年里，我们的生活条件发生了彻底的转变；但只是从上一代人起，我们才开始设想一种能够利用我们的技术和科学成就来造福人类生活的崭新的居家环境。自1914年以来，奠定住宅的新基础，一直是现代建筑的主要成就之一。

随着娱乐回归家庭，通过留声机、收音机、电影和几乎是电视前身的这些机械发明，住宅通过在休闲设施中的增益弥补了早先家庭工业的消亡所造成的损失。因此，恰当的住宅设计有了新的重要性，因为随着整个社会群体有了更多的空闲时间，更多的时间就可以被花在墙内的空间里。"[12]

如果对约翰逊来说，现代住宅是通过由博物馆启动的媒体装置来宣传的，那么芒福德在此指出的是，现代住宅本身已经通过引入媒体而发生了转变。住宅现在是一个媒体中心，这一现实将会永远改变我们对公共和私密的理解。在这里，芒福德比他所能想象的更接近勒·柯布西耶。甚至他对1914年的追忆也不可能是随意的。它与勒·柯布西耶本人对现代建筑与战争的认同产生了共鸣，现代住宅是由包括媒体技术的再利用军事技术建造而成的。

此外，在这一媒体事件中的主要建筑师，巴尔、约翰逊和希区柯克，把他们的宣传活动理解为军事运动。贯穿全书的是一种军事化的修辞手法："美国的民族主义者会反对这种风格，认为这是欧洲的又一次入侵。然而，国际式风格已经在美国取得了标志性的胜利，这点从豪（Howe）和莱斯卡兹（Leacaze）的摩天大楼插图就可以得到证明……在欧洲也是一样……彼得·贝伦斯（Peter Behrens）和门德尔松（Mendelsohn）……两者都**转向**了国际式风格。"[13]

这本书被构思成在美国传播现代建筑的宣传武器，图像被用作弹药，文本完全服从于精心挑选的图像。他们写道："在这本书中，由于文字本身仅仅意在为插图做介绍，因此几乎不需要详细地谈论它们。作者花了将近两年的时间来收集用于选择插图的摄影素材和纪实素材。"[14]完成的项目都被拍摄成一个决定性的镜头，广告图像变得和建筑物本身一样具有典型性（如果它没有在事实上取而代之的话）。

在这些方面，博物馆对勒·柯布西耶与大众媒体的接触特 ₂₁₁别敏感："勒·柯布西耶是第一个让世界意识到一种新风格正在诞生的人……勒·柯布西耶的影响力更大……因为他在1920—1925年为《新精神》杂志做了热情激昂的宣传。从那时起，他还写了一系列书，有效地宣传了他的技术和美学理论。"[15]出于这个原因，该机构用勒·柯布西耶作为宣传公关的代言人。如他在《我的作品》（*My Work*）中所述："1935年；我收到了来自洛克菲勒（Rockefeller）（纽约现代艺术博物馆）的邀请，参加一个计划在纽约、波士顿、费城、巴尔的摩、芝加哥和其他地方举行的关于建筑和城市规划的23场讲座的项目……在这次美国之行中，400码（约366米）长的建筑草图，用木炭和彩色粉笔画在6卷纸上，被裁切成180张，大约6英尺6英寸×4英尺6英寸（198厘米×137厘米）。12年后的1947年6月，纳尔逊·洛克菲勒（Nelson Rockefeller）在中央公园附近的家中举办的私人晚宴上，对勒·柯布西耶说：'你就是那个在1935年改变了美国建筑面貌的人。'"[16]但勒·柯布西耶并没有显著改变美国建筑的面貌，他真正的影响在于表现建筑和推动建筑的手法。对大众文化广告手法的战略性运用支撑了国际式风格的神话。因此，勒·柯布西耶对这些手法的关注回到了这些手法的起源之处（而其却不被认为是大众文化广告）。

因此，尽管《国际式风格》所提及的有关现代建筑的基本描述将现代建筑与日常生活隔离开来，从而压制了现代建筑的政治议程（正如许多评论家所指出的），但事实上，由纽约现代艺术博物馆所发起的宣传运动却自相矛盾地让现代建筑回归到日常生活中，通过将其转变为一种商品、一种时尚，使其被全球范围内的（在很大程度上是）中产阶级市场所消费。毕竟， ₂₁₂国际式风格不仅仅是一种早已存在的建筑的再现形式，而是与勒·柯布西耶自身作为现存工业现实的生产者角色（而非阐释者角色）相对应的产物。也许这就是为什么，尽管其作品被明显诠释错了，但向来爱发声的勒·柯布西耶却从来没有公开抱怨过（举例来说，赖特就广为人知地抱怨过）。事实上，这个展览成功地将现代建筑传播到世界各地，以至于展览自身后来变得隐匿无名了，可以说实现了勒·柯布西耶最早的梦想之一，正如他在主编《新精神》的那些年所阐述的那样。

卢浮宫应该被烧毁吗?

勒·柯布西耶关于普世文化的立场,其关键在于他对博物馆的看法:"真正的博物馆包含了一切。"勒·柯布西耶在一本关于坐浴盆的出版物的特定语境中发表了这样的评论。然而,有了这个定义,博物馆和世界混为一体。那么,或许勒·柯布西耶并不是在谈论博物馆,至少不是从字面意义上谈论一个有边界的、包含客体的封闭空间,尤其是,正如我们所见,他并不是在暗示坐浴盆是一件艺术品:坐浴盆是一个日常生活物品,能够对未来世代的人解释一些关于当代文化的事情。勒·柯布西耶对博物馆的关注是基于一种文化记录的理念,但当代艺术的变革并不能通过博物馆的传统机制来记录。后来,勒·柯布西耶对博物馆概念的置换在《今日的装饰艺术》中变得明显,他毫不费力地从博物馆的概念转移到讨论流行文学〔《我知道一切,科学与生活,科学与旅游》(*Je sais tout, Sciences et vie, Sciences et Voyages*)〕、电影、报纸、摄影,以及新兴文化产业带来的一切,可以说是它们把世界带进我们的客厅。[17]

大众传媒使博物馆作为一种19世纪的收集机构而显得过时。因此,当勒·柯布西耶说真正的博物馆应该包含所有东西时,他说的是一种想象中的博物馆,一个伴随着新的交流方式应运而生的博物馆,类似于马尔罗(Malraux)后来所说的"无墙博物馆"。[18]在保存在勒·柯布西耶基金会的一份题为"巴黎来信"(Lettre de Paris)的手稿中,勒·柯布西耶写道:"在很长一段时间里,绘画的主要目的是创造文献。那些文献首次是以书籍的形式出现的……但是100年前,摄影术到来了;30年前,电影诞生了。今天,文档是通过目标性的点击或旋转的胶片获得的。"[19]

自从我们通过媒体了解一切事物之后,问题就不再是单纯的文献问题,而是信息分类问题了。在勒·柯布西耶看来,博物馆的问题应当让位于分类的问题。正如他在谈到罗尼欧(Ronéo)文件柜时所言:"它们将表明,在20(世纪),我们已经学会了分类。"[20]但分类不仅仅是通过在博物馆内放置文件柜来使其作为一种文化标志被记录,分类是记录的技术,是对博物馆的一种替代。文件柜就是一个博物馆(从这个意义上说,勒·柯布西耶基金会是勒·柯布西耶"真正的博物馆")。

马尔罗在他的"无墙博物馆"中一开始就思考了"艺术品"在博物馆语境下的转变:

"罗马十字架并不会被其同时代的人视为一件雕塑作品,而奇马布埃(Cimabue)的《圣母像》也不会被视作一幅图画……博物馆强加给了观众一种对待艺术品的全新态度。因为它们倾向于使汇集起来的作品脱离其原有功能,甚至把肖像转换成图画。"[21]

博物馆

《新精神》杂志第6期（1921年）上的一篇文章的标题

214

勒·柯布西耶，无限生长的博物馆，1939年   215

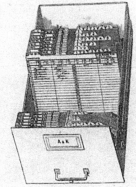

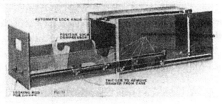

"需求类型"（Besoins-Type），《新精神》杂志第23期（1924年），重印于《今日的装饰艺术》

马尔罗认为，博物馆就是由艺术品以这样的方式构建起来的场所。瓦尔特·本雅明则采取了相反的路线，他写道：

"通过对其崇拜价值的绝对强调，它（史前艺术作品）首先是一种巫术工具，直到后来它才被认为是一件艺术品。如今以同样的方式，通过对其展览价值的绝对强调，艺术品成为具有全新功能的一种创造，其中一个我们所意识到的功能，即艺术性的功能，后来有可能被认知为其实是附带的。"[22]

本雅明表示，机械复制通过对公众与艺术的关系加以改造，进而从本质上改变了艺术的性质。勒·柯布西耶对这种秩序有一定的理解，当他写道 [为回应马塞尔·唐波拉尔（Marcel Temporal），马塞尔带领着一群画家试图恢复壁画作为艺术媒介的功能]：

"壁画在教堂和宫殿的墙上描绘了历史，讲述了美德和虚荣的故事。这里没有书——人们读的是壁画（顺便说一句，这里向维克多·雨果致敬：'这个会杀死那个'）……海报是现代的壁画，它的位置就在街上。它无法持续5个世纪，而只在那儿两个星期，然后就被替换掉了。"[23]

现代海报不仅成功地取代了壁画，使它不再需要作为一种媒介，而且"艺术在街道上无处不在，街道是现在和过去的博物馆"，勒·柯布西耶在《今日的装饰艺术》中说。[24]这个假想的"博物馆"中，有海报、时装、工业设计品、广告；在我们这个时代，它们相当于中世纪社会的圣母像、十字架和壁画。也就是说，我们没有办法在它们面前进行智性思考。我们身处许多其他事物之中，在一种放松的情绪中认知它们，这让广告变得有效。它们构成了一种被崇拜的对象，一种对于消费的崇拜，就像中世纪的宗教形象一样，对于社会系统的复制是必要的。它们体现了我们社会的价值观和神话。正如阿多诺和霍克海默所指出的，它们不仅是意识形态的载体，也是意识形态本身。

对于当代建筑作品的意识形态批判必须要考虑媒体的地位，这种地位迫使勒·柯布西耶追问：如果"与宗教的、道德的，或政治目标相关时，报纸杂志和书籍的运作要比艺术有效得多，那么在一个工业社会中，艺术的命运是什么呢？"对他来说，日常用品、工业产品、工程师的构筑物，并不是传统意义上的艺术品：

"我抛弃，我抛弃……我的生活不是为了保存死去的东西。我扔掉了史蒂文森（Stevenson）的火车头……我会抛弃一切，因为我的24小时必须是富有成效的，极其富有成效的。我将抛弃过去的一切，除了那些仍然有用的东西。有些东西是永恒的，它们是艺术。"[25]

通过这样的宣言，勒·柯布西耶将他自己与先锋派区分开来，这被理解为是对高雅艺术的一种攻击。对他来说，永恒性在日常物品和艺术品之间，在建筑与工程之间，在绘画与海报

219

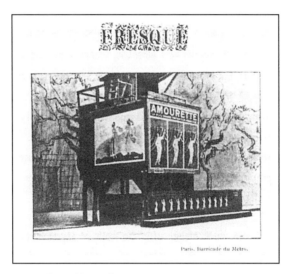

"壁画",《新精神》杂志第19期（1923年）插图

218

之间做出了区分。在工业社会中，艺术家作为创造者是有别于其他生产者的。艺术机构原封不动地保留着它从日常生活中获得的自主性。勒·柯布西耶也不是我们在传统历史中常见的那种典型的现代主义人物。也许最好的评价还是曼弗雷多·塔夫里（Manfredo Tafuri）在他的《建筑学的理论和历史》（*Theories and History of Architecture*）中顺便指出的，勒·柯布西耶并没有把新的工业条件作为一种外部现实来接受，也没有把它们作为一种"阐释者"来对待，而是渴望以一种"生产者"的身份进入其中。

220

在本雅明的定义中，阐释者是那些"使艺术家–魔术师（artist-magician）的形象永存"的人，面对"人造事物的新本质"，他们将其作为原材料运用到自己的艺术作品中，仍然"固守着**模仿**的原则"。与之相反的，是同样由本雅明所定义的"艺术家–外科医生"（artist-surgeon），那些人明白复制技术为艺术家、公众和媒体制作创造了新的条件，他们不再只是简单地再现"设备"，而是"走到设备背后去使用它"[26]。

这种差异取决于再现的状态，特别是宣传的转变。勒·柯布西耶可能是第一个完全融入现代媒体环境的建筑师（坦率地说，他出版了大约50本书，建造了大约50座建筑）。在这些方面，仅以审美对象为基础的传统解读模式是不够的。高雅艺术与大众文化的二分法，被解读为对立与排斥的关系，是这些传统解读的基础，却被勒·柯布西耶的作品破坏了。他使用的宣传素材和剪报，以及从艺术书籍中提取的图像，代表着"低俗文化"素材对"高雅艺术"领域的入侵。即使这种入侵不能被认为是对艺术制度的一种直接的、前卫的攻击，却是从日常生活的领域发起的对其意识形态自治的破坏。尽管勒·柯布西耶声称——在最好的现代主义潮流中——艺术品的地位高于日常用品，建筑学的地位高于工程学和建造，绘画的地位高于海报，但他的作品在很多方面都从根本上受到了低俗文化素材的浸染。勒·柯布西耶的作品在这种浸染的结构性作用之外是不可想象的。

在手提箱里的展览

221

勒·柯布西耶作为"生产者"的角色可以通过比较他的《勒·柯布西耶全集》（*Oeuvre complète*）与马塞尔·杜尚（Marcel Duchamp）的《手提箱里的盒子》（*Bote en valise*）来进一步阐述。《手提箱里的盒子》是一个包着布的纸盒，有时放在一个皮箱里，里面装着杜尚作品的缩微复制品和彩色复制品。自1936年起就一直致力于研究**盒子**的杜尚，在1955年接受詹姆斯·约翰逊·斯威尼（James Johnson Sweeney）的电视采访时说道：

"这里又涉及一种新的表达形式。我的目的不是绘画，而是要复制我喜欢的图画和物品，并把它们收集在一个尽可能小的空间里。之前我不知道该怎么做。我一开始想到做一本书，但是我不喜欢这个主意。然后，我想到它可以是一个盒子，这样我所有的作品都能被收集和安装在其中，就像一个小博物馆，也许可以说，是一个便携式的博物馆。"[27]

这件作品有好几个版本。第一版是1941年在纽约制作的，共有20份带有编号的副本。每件皮箱侧面都用金色大写字母刻着收藏者的名字。内容包括某种形式的原件：一幅画、一份手稿或一份证明。

杜尚的作品是对艺术市场的敏锐反馈，基于艺术家作为推销员的情况，他的作品被缩减为商业样品。但这种反馈在某种程度上被另一种情况削弱了：行李箱里的物品都是经过"光晕"（aura）再投注的复制品，而"光晕"正是在复制过程中所消除的东西。

原始、真实等范畴与《勒·柯布西耶全集》无关。斯坦尼斯劳斯·冯·莫斯（Stanislaus von Moos）曾写过，勒·柯布西耶是其**全部作品**（Complete Works）的"建筑师"。借用马尔罗对毕加索的评论——"他最终的目标不是他的画作，而是泽沃尔斯（Zervos）的复制品专辑，这种摄人心魄的系列作品比其中最好的单件作品自身所能达到的更具深远意义。"——冯·莫斯表示，这同样适用于勒·柯布西耶，如果我们用建筑物替换画作，用出版商博奥席耶（Boesiger）替换泽沃尔斯。[28]但《勒·柯布西耶全集》的卷册并不像传统艺术书籍那样是复制品的专辑。这里的图像并不是用来再现已经存在的、经过授权的对象（勒·柯布西耶的建筑作品）。图像构成了另一种对象，它们被用来产生一种新的奇观。勒·柯布西耶为了生产的目的而使用复制的手段。他是生产者式的作者。

"士兵建筑师"的广告战役在两条战线上展开：《勒·柯布西耶全集》和勒·柯布西耶基金会。这两者都将高雅艺术与低俗艺术的区别问题化了。这种问题化必然会改变艺术品和日常物品的地位。但杜尚对艺术制度的批判却自相矛盾地恢复了创作艺术家和艺术品的权威。一切都因作者–艺术家的特权"签名"开启了：《署名R. 马特的泉》是一件艺术品，因为"他选择了它"（He CHOSE it）。《手提箱里的盒子》是一种传统的空间，是一个有界的封闭空间，充满了带有光晕的（auratic）物品。《勒·柯布西耶全集》不能从空间或物品的角度来考虑。它将建筑从物品与空间的经济体替换为媒介的经济体。勒·柯布西耶将博物馆置换为文件柜，将文件柜置换为大众媒体，这不仅是对于一种建筑的置换，一个对象对另一个对象的置换，而且是对于整个建筑体系的置换，是对所有对象的置换。

危险的是对室内性的置换。当勒·柯布西耶面对博物馆实际物理空间的问题时，他恰恰颠覆了传统意义上的围合，打破

226

"在箱子里的展览",《新精神》档案里的报纸简报

222

博物馆

183

马塞尔·杜尚,《手提箱里的盒子》

223

MALLETTE GARNIE POUR DAMES

Mesures extérieures 40 % × 30 % × 12 %.

CARACTERISTIQUES :

I. Maroquin du Cap premier choix. Entièrement cousu
   main. Doublure peau.
II. Garniture cristal et argent. Glace biseautée.
III. Brosserie ivoire plein. Soies longues.
IV. Plateau manucure complet. Fer à friser. Coutellerie
    acier Sheffield.
V. Serrure américaine de sûreté. Poignée extra forte.

《新精神》档案中一本发明目录中的一页   224

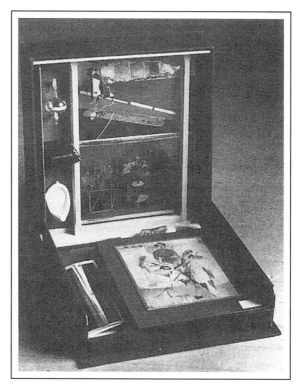

马塞尔·杜尚,《手提箱里的盒子》

了内外之间的界限。举例来说，关于他在巴黎的当代艺术博物馆（Musée d'art contemporain）项目，他写道：

　　"博物馆没有立面，参观者永远看不到一个立面，他只能看到博物馆的室内。通过一个地下通道和用作入口大门的墙上开口，进入博物馆的核心，当博物馆达到了其最为壮观的尺度，按照博物馆完全的展开长度，最大可以扩展到9000米……博物馆可以随意扩展：它的平面是螺旋形的，一种和谐而有规律生长的真实形态。捐赠绘画的人也可以捐赠挂画的墙（或者隔断）；两根柱子，加上两根大梁，再加上五六根小梁，外加几平方米的隔断。这个小小馈赠可以让捐赠者在陈列他的画的房间中署上自己的名字。"[29]

　　传统博物馆空间被转换成了长度，一堵连续不断自我折叠的墙。这堵墙无法界定传统的空间，因为它不能被看到或通过，它没有开口。而这个项目是从下面进入的。这里有室内，但没有室外。这是一个属于20世纪交流方式的空间。同样的情况也明显地出现在了勒·柯布西耶的早期项目"曼达纽姆和世界博物馆"（Mundaneum and the World Museum，1929年）中，以及后来的"无限生长的博物馆"（Musee a croissance illimitee/Museum of Unlimited Extension，1939年）中。但是，这种室内性的置换再没有其他任何地方比在居家空间中更明显了。

　　随着现代性的到来，无论是在物理空间上还是社会属性上，室内都不再只是与外部相对立的有界领域。对于路斯与勒·柯布西耶的住宅地位的分析可以用来更精确地追溯：私密空间和公共空间之间关系的变迁，以及报纸、电话、广播、电影、电视这些通信技术的新兴现实所挑动的内外之间各种边界的错综复杂。

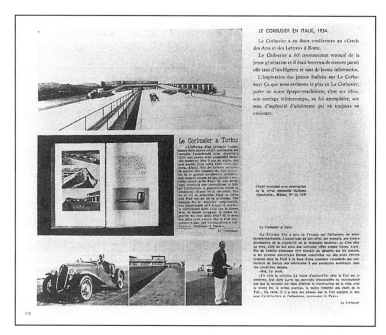

《勒·柯布西耶全集，1929—1934年》中的一页

博物馆

马塞尔·杜尚，《手提箱里的盒子》 228

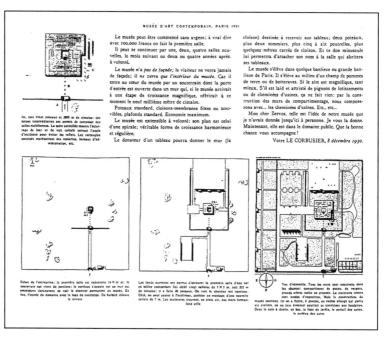

勒·柯布西耶，当代艺术博物馆，巴黎，1931年

室内

　　"活着就是留下痕迹，"瓦尔特·本雅明在讨论室内的诞生时这样写道。"在室内，这些都得到了强调。大量的面层和保护层、衬里和箱体被设计出来，上面留下了日常物品的痕迹。居住者也在室内留下他们的印记。侦探故事随着这些痕迹而诞生……在最初的侦探小说中，罪犯既不是绅士也不是流氓团伙①，而是资产阶级的普通成员。"[1]

　　侦探小说里总是有一个室内。但是，有没有可能有一个关于室内本身的，关于空间作为内在构造的隐藏机制的侦探故事呢？也许可以说，这是一个关于侦查自身，关于控制性的观看、对控制的观看和被控制的观看的侦探小说。但这种观看的痕迹会留在哪里？我们该继续做什么？有什么线索呢？

---

① 英文作者此处用Apaches，是指阿帕奇团伙，20世纪最初十年在巴黎猖獗一时的流氓歹徒团伙。——译者注

在勒·柯布西耶广为人知的《明日之城市》（*L' Urbanisme*，1925）一书中有这样一段鲜为人知的叙述："有一天，路斯告诉我：'一个有教养的人不会往窗外看；他的窗户是磨砂玻璃的；其存在只是为了让光线进来，而不是让视线穿过。'"[2]这指出了路斯设计的住宅中一个显而易见又明显被忽视的特点：不仅窗户本身是不透明的或遮着一层薄纱窗帘，而且空间的组织和固定家具（**不可变的东西**）的摆放位置似乎也在阻碍人靠近它们。沙发通常被放在窗下，是为了安排居住者背对着窗户，面向房间落座，就像在汉斯·布鲁梅尔公寓（Hans Brummel，皮尔森，1929年）的卧室里那样。这种情况甚至发生在可以看向其他室内空间的室内窗上——例如在穆勒住宅（布拉格，1930年）淑女室的休息区。或者，更加戏剧性的是，在为维也纳工厂联合会居住区（Werkbundsiedlung）所设计的住宅（维也纳，1930—1932年）中，在这个晚期的项目中，路斯终于自己设计了一扇完全现代化的两层高的高窗；这个开口不仅被罩上一层窗帘，而且在上层走廊休息区的角落里有一张沙发，其摆放方式是让使用者背朝向窗户，危悬在空间上方（具有典型性的是，我们必须回到这点，在另一个完全相同的房子里，这个休息角被用作男士的书房，座椅是面向窗户的）。此外，在进入路斯的室内时，人的身体会不断地转过身来面对刚刚走过的空间，而非将要出现的空间或是室外的空间。随着每一次转身、每一次回视，身体被空间所捕获了。看着这些照片，很容易设想自己处在这些精确的、静止的位置，这些位置通常是被空着的家具所表示的。这些照片表明，这些空间特意被设计成需要通过居住，通过使用这些家具，通过"进入"照片，通过栖居其中来领会的。[3]

在莫勒住宅（维也纳，1928年）中，有一个从客厅升高的休息区，靠窗摆放着一套沙发。虽然人无法看到窗外，但能够强烈地感觉到它的存在。围绕着沙发的书架和从沙发后面透出的光，表明这是一个舒适的阅读角。但在这个空间里的舒适，不仅仅是感官上的，也有心理维度上的。沙发所在的位置和让使用者背对着光的摆放方式创造了一种安全感。任何人从入口（其本身更接近一条很暗的通道）走上楼梯，进入客厅，都需要过一段时间才会意识到有人坐在沙发上。相反，任何入侵都会很快被待在这个空间里的人发现，就像演员进入舞台立刻会被在剧院包厢里的观众看到一样。

路斯谈到这个想法时在笔记中写道："如果无法眺望远处的广阔空间，那么剧院包厢的狭小局促是无法忍受的。"[4]当库尔卡（Kulka）和之后的芒兹（Münz）从"空间体积规划"（the *Raumplan*）所提供的空间经济性的角度来解读这段评论时，他们忽略了其心理纬度。对路斯来说，剧院包厢是集合了幽闭恐惧症和广场恐惧症的所在。[5]这种空间上的心理装置也可以从权

阿道夫·路斯，为汉斯·布鲁梅尔设计的公寓，皮尔森，1929年。 235
窗口摆着沙发的卧室

阿道夫·路斯，为维也纳工厂联合会居住区设计的住宅，1930—1932年。两层高的起居室，　　236
一张沙发靠着窗口，悬挑在空间中

为维也纳工厂联合会居住区设计的住宅，在廊道上的角部书房，照片摄于1932年　　237

利的角度进行解读，是房屋内部的控制机制。莫勒住宅中抬高的休息区为使用者提供了一个有利的观察点俯瞰室内。在这个空间里，舒适与亲密感和控制力有关。

这个区域是一系列起居空间中最私密的，而且，矛盾的是，其并不处于住宅的中心，而是被放置在外围，向面向街道的立面推挤出去一块体量，就在前门入口的上方。此外，这一区域与这个立面上最大的窗相对应（几乎是一个水平窗）。空间的使用者可以察觉到任何从房子入口穿越进入的人（当其被窗帘屏蔽时），并且监视室内的任何活动（当其被背光"遮挡"时）。

在这个空间里，窗只是一个光源，而不是一个看风景的景框。眼睛转向室内。唯一有可能从这个位置看到的室外景观，需要视线穿过整个住宅空间，从凹室看向客厅，再看向朝后花园开放的音乐室。因此，这个室外景观是依赖于一个室内景观存在的。

这种折叠向其自身内部的观看可以追溯到路斯的其他室内作品。举例来说，在穆勒住宅中，一系列空间联通贯穿在楼梯周围，从会客室到餐厅，到书房，再到占据着房屋的中心或"心脏"位置、有着抬高的休息区的"淑女室"（Zimmer der Dame），遵循着一种逐渐增强的私密性。[6]但这个空间的窗看向客厅。在这里，最私密的房间也像一个剧院包厢，被放置在这栋住宅里社交空间入口的正上方。从这个"剧院包厢"看向城市的室外景观，也类似地包含着一个室内景观。这个空间悬浮在房间的中部，呈现出兼有"神圣"空间和控制点意味的特征。而舒适感是由私密性和控制感这两种看上去截然相反的条件共同创造出来的。

这种关于舒适的观念与瓦尔特·本雅明在《路易·菲利普，或室内》（*Louis-Phillippe, or the Interior*）[7]一书中所描述的19世纪的室内几乎没有什么关系。在路斯的室内，安全感并不是通过简单地背对着外部，将自己沉浸在一个私密的世界里来实现的，用本雅明的比喻就是"世界剧场里的一个盒子"。这栋住宅不再是一个剧院包厢；而是住宅内部有一个包厢，可以俯瞰室内的社交空间。路斯所设计的住宅里的居住者，身兼家庭场景的演员和观众——参与着但也疏离于他们自己的空间。[8]经典的内与外、私密与公共、客体与主体之间的区别变得错综复杂。

传统上，剧院包厢通过在室内外重新建立边界，为特权阶层在危险的公共领域内提供了一个私密空间。值得注意的是，当路斯在1898年设计一个剧院（未实现项目）时，他去掉了包厢，说它们"不适合现代的观众厅"[9]。因此，他从公共剧院里移除了包厢，只是为了把它插入住宅的"私人剧院"中。公共性通过一系列社交空间进入了私人住宅[10]，但在这种家庭"剧院包厢"中还存有一个抵制入侵的最后阵地。

244

248

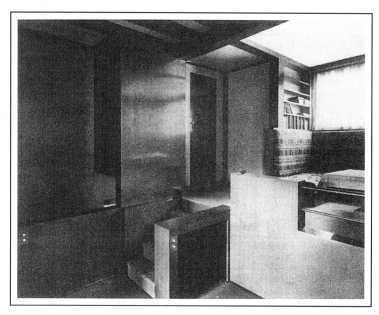

阿道夫·路斯，莫勒住宅，维也纳，1928年，起居室外升高的休息区

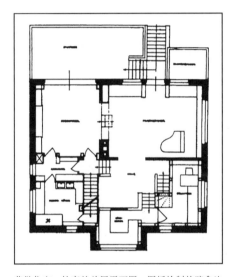

莫勒住宅，抬高的首层平面图，图纸绘制的壁龛比
实际建造的更窄

室内

莫勒住宅，出入口前厅通向起居室的楼梯

莫勒住宅。街景视角　　　　　　　　　　　　　　242

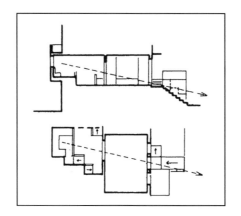

莫勒住宅，描绘了从抬高的休息区到后花园的视线
路径的平面图和剖面图。由约翰·范·德比克（Johan
van de Beek）绘制

243

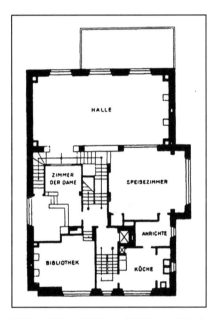

阿道夫·路斯，穆勒住宅，布拉格，1930年。主
要楼层平面图

245

穆勒住宅，淑女室抬高的休息区以及看向客厅的窗口　　　　　　　　　246

穆勒住宅，淑女室

247

室内

205

在莫勒（Moller）住宅和穆勒（Müller）住宅中的剧院包厢被标记为"女性"空间，其家具的居家特征与相邻的"男性"空间——图书室的家具形成鲜明对比。在其中，真皮沙发、书桌、烟囱、镜子代表着住宅中的"公共空间"——办公室和俱乐部就这样侵入家庭的室内。但这是一种局限在封闭房间中的入侵——一个属于住宅中一系列社交空间但又不参与其中的空间。正如芒兹所指出的，图书室是"宁静的水库"，"被设置成与家庭交通流线分开"。在另一方面，莫勒住宅里抬高的凹室和穆勒住宅里的淑女室，不仅仅俯瞰着社交空间，也刚好位于这一系列空间的终点，位于私属的、秘密的和隐藏着性事的上层房间的入口。在有形与无形的交汇点上，女性成为不可言说事物的守护者。[11]

但影院包厢是一种既能提供保护又能吸引注意力的装置。因此，当芒兹描述莫勒住宅社交空间的入口时，他写道："身在其中，从一端进入，目光向相反的方向穿行，直到看到光，抬高位于在起居室楼层上方的令人愉悦的凹室。**现在我们真正在这个房子里了**。"[12]当我们穿过房子的入口，站在门厅和衣帽间的地面上，或者当我们登上楼梯到二层或抬高的一层的接待室时，我们也许会问：所以，我们之前在哪儿？入侵者在"内部"，只有当他/她的目光触及这个最私密的空间时，把居住者变成一个背对着光线的剪影时，才穿透了这栋住宅。"剧院包厢"里的"偷窥者"已经成为别人注视的对象；她在观看时也被看到，在施加控制那一刻也被控制。在框定景观时，剧院包厢也框定了观察者。离开这个空间，离开这栋住宅，而不被那些正在施加控制的人看到是不可能的。客体和主体交换了位置，在主体和客体两种凝视背后是否真的有一个人是无关紧要的：

"我能感觉到自己处于甚至我自己都看不到、也看不清的一双眼睛的注视之下。所有这些都是必要的，因为需要有某种东西对我表明，也许还有其他人在那儿。如果窗户有点暗，如果我有理由认为有人在它后面，正在直勾勾地凝视。从这种凝视存在的那一刻起，我就已经是某种他者了，因为我让自己成为别人注视的对象。在这个位置上，这是相互的，其他人也知道我是一个知道自己被看见的客体。"[13]

建筑不仅仅是一个容纳观看主体的平台，它是产生主体的一种观看机制。它先于使用者出现，同时限定了使用者的行为。

路斯室内的戏剧性是由多种再现形式（其建造空间并不一定是最重要的）构成的。例如，许多照片往往给人一种某人正要进入房间，一场家庭戏剧即将上演的印象。那些没有出现在舞台上、场景中、道具（那些被摆放得引人注目的家具）上的角色被想象召唤了出来。[14]唯一发表的路斯的家居室内照片里有人物形象的，是关于鲁弗尔（Rufer）住宅客厅入口（维也纳，1922年）视角的。一个几乎看不见的男性身影，正准备从

穆勒住宅，图书馆

阿道夫·路斯的公寓，维也纳1903年。从起居室可以看到壁炉角落

墙上一个特别的开口穿过门槛。[15]但正是这个入口，这个离舞台稍远的地方，演员/入侵者所处的位置最容易受到攻击，因为阅览室中有一扇小窗可以俯瞰他或她的后颈。这栋住宅，传统上被认为是"空间体积规划"（the *Raumplan*）的原型，也包含了剧院包厢的原型。

在其关于住宅问题的著作中，路斯描述了几个家庭通俗剧。例如，在《其他》（*Das Andere*）中，他写道：

"奥尔布里希（Olbrich）试着描绘生与死、为流产掉的儿子而发出的痛苦尖叫、一个垂死母亲的死亡喘息声、一个想死的年轻女人最后的念头……如何在一个房间里被一一展开和揭示出来！只是一个画面：一个年轻女子将自己交付于死亡，她躺在木地板上，她的一只手仍然握着冒烟的左轮手枪，桌上放着一封信，一封诀别信。发生这一切的房间哪点体现了好品位？谁会问这个问题呢？这只是一个房间而已！"[16]

我们也许会问为什么只有女人会死，会哭，会自杀。先把这个问题搁置一边，路斯的意思是住宅不能被看作艺术作品，住宅和"一系列带有装饰的房间"是有区别的。住宅是家庭戏剧的舞台，是人们出生、生活和死亡的地方。当一件艺术作品、一幅画，以客体的形式呈现给一个超然的观察者时，住宅则被视作一种环境、一个舞台，观众是参与其中的。

为了设置这样的场景，路斯通过彻底扭转室内外的关系，打破了住宅作为客体的条件。他使用的策略之一是镜子，就像肯尼恩·弗兰姆普敦所指出的那样，镜子看起来像是开口，而开口可能会被误认为是镜子。[17]更加神秘莫测的是镜子摆放的位置，在斯坦纳住宅（Steiner house，维也纳，1910年）的餐厅里，一面镜子正好处在一扇不透明的窗户下面。[18]在这里，窗户再次被只是用作一个光源。镜子被放置在眼睛的高度，将人的视线转向室内，回到餐桌上方的灯和餐具柜上的物品上，这让人想起弗洛伊德在上坡街19号的工作室，在那里，挂在窗户上的小镜框反射出他工作台上的灯。在弗洛伊德的理论中，镜子代表心灵，镜子里的倒影也是投射到外部世界的自画像。弗洛伊德把镜子放在内外的边界上，打破了边界作为一个固定界限的状态。内部和外部不能简单地分开。同样地，路斯的镜子促进了现实与幻觉、现实与虚拟之间的相互作用，打破了内外之间边界的状态。

视觉与其他感官的分离加剧了室内外之间的不确定性。在路斯设计的住宅中，空间之间的物理联系和视觉联系通常是分离的。在鲁弗尔住宅中，一个宽敞的开口在抬高的餐厅和音乐室之间建立了视觉联系，而这与物理联系并不对应。同样，在莫勒住宅中，似乎无法从矮70厘米的音乐室进入餐厅，进入餐厅的唯一方法是打开隐藏在餐厅木基座上的台阶。[19]这种物理上分离但视觉上联通的策略，这种"框取"，在许多其他路斯设

255

阿道夫·路斯，鲁弗尔住宅，维也纳，1922年，通向起居室的入口 253

阿道夫·路斯，特里斯坦·查拉（Tristan Tzara）住宅，巴黎，1926—
1927年，入口前厅

阿道夫·路斯，斯坦纳住宅，维也纳，1910年。展示了窗下的镜子的餐厅视角　　　　256

西格蒙德·弗洛伊德的书房，上坡街19号，维也纳。在他的办公桌旁的窗户上挂着的镜子的细节　　　　257

莫勒住宅。从音乐室看向餐厅的视角，在门槛的中心是可以被放下来的台阶 258

莫勒住宅。从餐厅到音乐室的视角

259

计的室内中被重复使用。这些开口通常被窗帘遮挡着，以增强舞台般的效果。还应该注意的是，通常是餐厅充当舞台，音乐室作为观众的空间。被框取的是日常家庭生活的传统场景。

但内与外的分裂、视觉和触觉的分离，并不仅仅局限于家庭场景。它还发生在路斯为约瑟芬·贝克设计的住宅（巴黎，1928年）中——一个摒除了家庭生活的住宅。然而，在这个例子中，"分离"获得了另一种不同的意义。这栋住宅被设计成包含有一个入口位于二层、带有大的顶部照明、两层通高空间的游泳池。库尔特·安格斯（Kurt Ungers），是在这个项目上与路斯密切合作的人，他写道：260

"一层的接待功能的房间围绕着游泳池布置——一个有着宽敞的顶部照明前厅的大沙龙厅、一个小客厅和一个圆形的咖啡厅——表明这不是用于私人用途，而是作为一个小型娱乐中心。在一层，较低的通道围绕着游泳池。从外面可以看到的宽大的窗户照亮了它们，而且，既厚且透明的窗户被放置在游泳池的一侧，因此，可以在充满了从上面来的光的清澈的水中观看游泳和跳水：可以说，是一场水下的表演剧。"[20]

就像在路斯早期的住宅中一样，背对着外部的世界，视线被导向室内；但是，凝视的主体和客体已经发生了颠倒。居住者约瑟芬·贝克现在成为主要的客体，而访问者、客人们成为观看的主体。最具有私密性的空间——游泳池，作为感官空间的典范——占据了住宅的中心，也是访客们凝视的焦点。正如安格斯所写的，这栋住宅里的娱乐在于观看。

但是，在这种凝视与其客体（身体）之间有一个由玻璃和水构成的屏障，使得身体变得不可触及。游泳池被天窗从上方照亮，因此在其内部，窗户会作为反射面出现，阻碍游泳者看到站在通道上的游客。这种视点与剧院包厢的全景视点相反，却与窥视孔的视点相对应，在窥视孔中，主体和客体是无法简单地交换位置的。

约瑟芬·贝克住宅中的场景设计让人想起克里斯蒂安·梅茨（Christian Metz）对电影中偷窥机制的描述：

"它甚至是必不可少的……演员应该表现得好像他没有被看到（因此，仿佛他没看到偷窥他的人），他应该去做他的日常事务，追求那种他的存在就像能被电影的虚构所预见的状态，他应该继续他在密闭房间里的古怪动作，尽最大可能地不去注意那个设置在某一面墙上的玻璃方块，由此他生活在某种水族箱中。"[21]264

但这座住宅在建筑上的构建更为复杂。游泳者也可能看到她自己光滑的身体在窗框里的反射，叠加在身形模糊的观众没有身体的眼睛里，而后者的下半身在视觉上被窗框给截断了。因此，她看到自己被另一个人注视着：一种自恋的注视叠加在一种偷窥的注视上。她置身于这种具有情色意味的复合式的观

1928年，阿道夫·路斯设计的在巴黎的约瑟芬·贝克住宅项目。模型

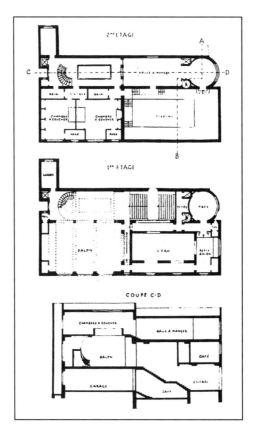

约瑟芬·贝克住宅。一层和二层的平面图

约瑟芬·贝克

室内

看之中，而这样的观看刻在了面向游泳池开启的每一扇窗户中。即使没有人透过这四扇窗户观看，也从每扇窗的两侧构建了一种注视。

路斯的室内中所表现出来的视觉和其他身体知觉之间的分离在其对于建筑学的定义中被清楚地阐述出来。在路斯最森佩尔主义的文章——"覆层原则"（The Principle of Cladding）中，他写道："艺术家、建筑师，首先感受到他想要实现的'效果'，（然后）在他的心灵之眼中看到那些他想要创造的房间。他感觉到他想施加在观众身上的效果……有家的感觉的效果，假如观众是居住者的话。"[22]对路斯来说，室内是一种前俄狄浦斯空间，是语言所引发的分析性距离产生之前的空间，是我们所感受到的空间，就像衣服一样；也就是说，就像那些批量生产的成衣之前的衣服，那时人必须先选布料（这个行为需要，或者像我似乎记得的那样，感受布料的肌理时不去看布料这个明显的姿态，就像视觉会是这种感官的障碍似的）。

路斯似乎逆转了在感知和观念之间的笛卡儿式分裂。然而，正如弗兰科·雷拉（Franco Rella）所写的那样，笛卡儿剥夺了身体作为"正当的和可传达的知识的基座"的地位（"在感官中，在从其得到的体验中，包藏着错误"）。[23]路斯把空间的身体体验放在比空间的心理建构优先的位置上：建筑师首先感知那个空间，然后将其可视化。

对路斯来说，建筑是一种关于覆盖的形式，但被覆盖的又不只是墙。结构起次要作用，其主要功能是保持覆盖在适当的位置。几乎原封不动地追述森佩尔的话，路斯写道：

"建筑师的主要任务是提供一个温暖而适宜居住的空间。毯子是温暖而适宜居住的。出于这个原因，他决定在地板上铺一块毯子，又挂起来四块形成四面墙。但是你又无法用毯子搭建出一栋房子。在地板上的地毯和墙上的挂毯需要一个结构框架把它们固定在正确的位置上。发明这个框架是建筑师的次要任务。"[24]

路斯的室内空间覆盖着使用者，就像衣服覆盖着身体一样（每种场合都有恰到好处的"合身"）。何塞·昆特格拉斯（José Quetglas）曾经写道："穿雨衣时，身体能和穿长袍、马裤或睡裤时一样接收压力吗？所有路斯的建筑都可以解读为对于身体的一层包裹。"从莉娜·路斯的卧室（这个"毛皮和布料的袋子"）到约瑟芬·贝克的游泳池（"透明的水碗"），其室内总有一个"用来包裹其自身的温暖袋子"。这是一个"愉悦的建筑"，一个"子宫般的建筑"[25]。

但是路斯建筑的空间不仅是被感觉到的。值得注意的是，在上面的引文中，路斯将居住者称为"旁观者"，他对建筑的定义实际上就是剧院建筑的定义。"衣服"早已脱离了身体，因此它们需要独立的结构支撑。它们变成了"舞台布景"。居住者

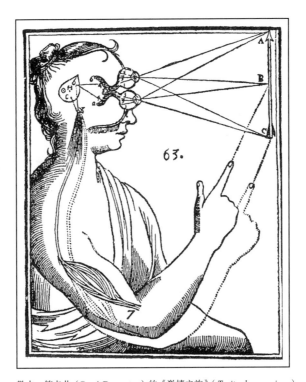

勒内・笛卡儿（René Descartes）的《激情之旅》（*Traite des passions*）中的图示

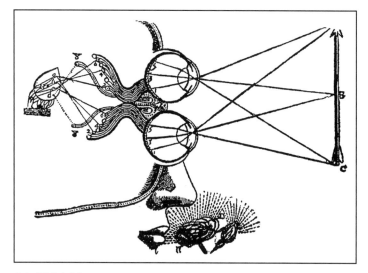

来自《激情之旅》

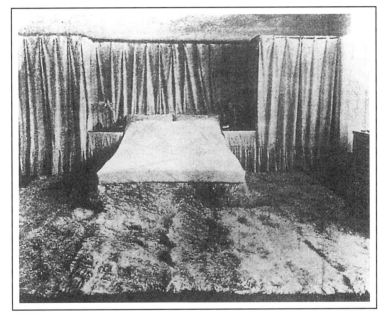

阿道夫·路斯的公寓。莉娜·路斯的卧室 268

既被空间"覆盖",又与空间"分离"。对舒适的感觉和把舒适作为一种控制之间的张力瓦解了住宅作为一种传统再现形式的角色。

这也瓦解了住宅的一切再现形式。例如,建筑制图的地位发生了根本的改变。在"建筑"一文中,路斯写道:"建筑物真正确立的标志在于它在二维上无效的地方。"[26]他所说的"无效"是指绘画不能传达空间的"感觉",因为这不仅包括视觉,还包括其他的身体感觉。[27]路斯把"空间体积规划"(the *Raumplan*)设计成一种让空间成为像它被感受到的那样的概念化手段,但具有揭示意义的是,他没有留下任何理论定义。

正如库尔卡所指出的,他"会在施工期间进行许多更改。他会走过这个空间,说:'我不喜欢这个顶棚的高度,换了它!'空间体积规划的概念,使得很难像之前那样在建造将设计视觉化之前完成一个设计。"或者就像诺伊特拉(Neutra)所回忆的那样,路斯"为自己是一个不用铅笔的建筑师感到骄傲":

"在1900年,阿道夫·路斯开始反抗用数字或有标注的图纸去标明尺寸的做法。正像他经常告诉我的那样,他觉得这样的程序使设计失去了人性。'假如我想要一个在一定高度上的木质墙板或护壁板,我会站在那里,把我的手放在那个高度,让木匠做一个铅笔记号。然后我后退一步,从一点再到另一点去看它,用我的全部力量视觉化地想象完成的效果。这是决定护壁板高度或窗户宽度的唯一人性化的方法。'路斯更倾向于最少限度地使用纸面上的设计;他把所有的设计细节都记在心里,即使他最复杂的设计也是如此。"[28]

但路斯不只是反对相对于抽象的感官体验。他更多的是在应对语言的不可译性。因为图画不能传达其他感官和视觉之间的张力,它不能充分地通过诠释转译一栋建筑。对路斯来说,建筑师的制图是分解工作量的一个结果,它永远只是一种纯粹的技术陈述,"是(建筑师)试图让实施工作的工匠理解他自己的一种尝试。"[29]

路斯对建筑摄影及其通过建筑期刊传播方式的批评基于同样的原则,即其不可能表现出空间效果或感受。当他写道:"最让我感到自豪的是我所创造的室内在照片中完全无效。我自豪的是我设计的空间里的居民从照片上认不出自己的公寓,就像莫奈绘画的拥有者认不出在凯斯坦的莫奈作品那样,"[30]他的观点是照片和图纸不能充分复制他的室内,因为这些室内是拥有触感和视觉品质的。

但是,由于在复制过程中发生的转换,居民在照片中认不出自己的住宅。有人居住的住宅被视为一种环境,而不是一个客体,因此,对于它的认知是发生在一种注意力分散的状态下的。在建筑杂志中,一所住宅的照片需要一种不同的注意力,

270

一种预先假定距离的注意力。这个距离比观众在博物馆对着一件艺术作品沉思所需要的距离更近。以路斯的莫内特住宅为例，路斯的室内被体验为，为了行动而设的一个景框，而不是在景框中的一个客体。

然而，在路斯的室内照片中有一些系统性的东西，似乎表明他参与了这些照片的制作。肯尼思·弗兰姆普敦（Kenneth Frampton）已经注意到，几乎在每一个室内的视角中不断重复出现的特定物体，比如埃及坐凳。路斯似乎还调整了照片，以更好地表现他对住宅的想法。档案中包含的用来图解库尔卡（Kulka）的书的照片，揭示了其中的一些技巧：在库纳别墅（Khuner Villa）［派尔巴赫（Payerbach）附近，1930年］的照片中，"水平窗"外的景象是一张拼贴照片[31]，就像穆勒住宅音乐室壁阁里的大提琴，也是拼贴照片。特里斯坦·扎拉住宅（Tristan Tzara house）（巴黎，1926—1927年）的街道正面照片上添加了一个故事，使它更像最初的项目，而许多"分散注意力的"家庭物品（灯、地毯、植物）被彻底抹去了。这些干预表明，图像是经过仔细控制的，路斯建筑的照片不能被简单地认为是一种从属于建筑物本身的再现形式。

例如，路斯常常框取一个空间体量，比如库纳别墅的卧室或他自己公寓的壁炉角落。这会产生一种通过景框把看到的空间变得扁平的效果，使它看起来更像一张照片。通过这种模糊了开口和镜像之间差别的方式，视觉效果被提升了，假如这不是通过照片自身制造出来的，则必须在一个精确的视点上拍摄，才能产生这种效果。[32]路斯对建筑摄影的再现的批评不应被误认为是对"真实"物体的怀旧。在这个与反射表面和取景装置的游戏中，他实现了对摄影作为透明媒介的批判，并由此延伸为对经典再现方式的批判。这样的景框设置打破了摄影图像的参照性地位和其所声称的对现实的"如实"再现。照片将观众的注意力吸引到摄影过程中涉及的技巧上。像绘画一样，它们不再是传统意义上的再现；它们不再仅仅指涉一个已经存在的客体，它们还制造了客体；他们实际上是在构建它们的客体。

路斯对建筑再现的传统观念的批判是与新兴都市文化的现象密切相关的。他把社会制度视作一种再现的系统，他在《其他》（Das Andere）中对家庭、维也纳社会、专业组织和国家的攻击，在他的建筑中也有所暗示。建筑所有可能的表现形式（绘画、照片、文字，或者建筑物）毕竟只是一种再现的实践形式。路斯建筑的主体是沉浸在抽象的关系中，在社会的杠杆权力面前努力维护其存在的独立性和个性的人都会市民。这种斗争，根据乔治·齐美尔（George Simmel）的说法，是史前人类和自然之间斗争的现代化版本；服饰是其中的一个战场，时尚是其斗争策略之一。[33]他写道："在社会中，普通是一种好的形式……通过个体的、单独的表达使自己显眼是一种坏品位……

271

273

阿道夫·路斯，库纳别墅，派尔巴赫附近，奥地利，1930年。窗外的"风景"是一张合成
照片

在所有外在方面遵从大众的标准，是保留他们个人感情和品位的一种有意识的和理想的手段。"[34]换而言之，时尚是一种保护大都会人的私密性的面具。

路斯对时尚的评述完全如出一辙："我们变得更精致，更敏感了。原始人必须通过不同的颜色把自己与他人区分开来，现代人则需要服装作为面具。他的个性是如此强烈，以至于无法被其服装所传达……他自己的创造专注在其他事情上了。"[35]时尚和礼仪，在西方文化中，构成了行为的语言，这种语言不是传达情感，而是作为一种保护的形式——一种面具。正如路斯所写到的："一个人应该如何着装？穿现代的。当一个人着现代装时他是最不引人注目的。"

值得注意的是，路斯在描述这栋住宅的外观时使用了他评述时尚时的相同的语调：

"当我终于被给予建造一栋住宅的任务时，我对自己说：一所住宅的外表可以改变的程度只能和晚礼服一样多。因此不是很多……我必须显而易见地更加简化。我必须把金扣子换成黑扣子，这栋住宅看起来必须是不引人注意的。"[36]

"这栋住宅不必对外在讲述任何事；相反，其所有的丰富性都必须在室内显现出来。"[37]

路斯似乎在室内和室外之间建立了一套激进的区别，反映了都市人私密生活和社交生活的这种分裂："外部"，是交易、金钱和面具的王国；"内部"，是不可剥夺的、不可交换的、不可言说的领域。此外，内部和外部的分裂、视觉和其他知觉之间的分裂，是有性别负载的。路斯写道，房子的外观是男性化的，应该像晚礼服、男性面具，作为一个统合的自我，被无缝的立面给保护起来。室内是性事和生殖的场所，所有这些事物都将把在外部世界的主体分开。然而，在路斯写作中，这种对于室内外的独断的划分被他的建筑给打破了。

那种让人认为室外只是覆盖于已经存在的室内之外的一层面具的暗示，是一种误导，因为室内和室外是同时建造的。比如，当路斯在设计鲁弗尔住宅（Rufer house）时，他使用一个可拆卸开的模型使得室内和室外的布局可以同时被解决。室内不只是被立面围合起来的空间。多重的界面被建立起来，在室内外之间的张力存在于分隔它们的墙体之中，路斯通过对传统再现形式的置换动摇了墙体的地位。着眼于路斯的室内就是着眼于墙体分离的议题。

举例来说，对于绘画惯例的转变在路斯的四幅关于鲁弗尔住宅的铅笔画立面中体现出来。每一幅画都不仅展示了立面的轮廓线，而且用点式虚线表示出了室内平面方向上和垂直方向上的划分、房间的位置、门厅和墙壁的厚度，而窗户被表现成没有外框的黑色方块。这些图绘制的既非内部也非外部，而是内外之间的分隔：介于对居住的再现和面具之间的是墙。路斯

274

276

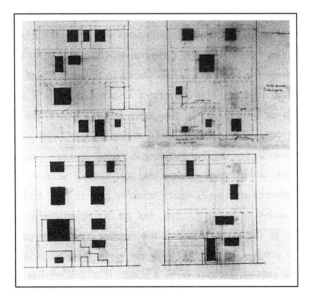

鲁弗尔住宅，立面 275

的主体居于这样的墙。这种栖居创造了一种施加在边界上的紧张，改动着边界。

这不仅仅是一个意象。路斯的每个住宅都有一个最大张力点，它总是与一个出入口或边界重合。在穆勒住宅中是一个突出于街道立面的升高的凹室，居住者被安置在室内，但与其分离。路斯住宅的主体是一个陌生人，一个闯入其自己的空间的人。在约瑟芬·贝克（Josephine Baker）住宅中，游泳池的墙壁被窗所洞穿。它被拉开，留下一个狭窄的通道围绕着游泳池，并分裂成一个内部窗口和一个外部窗口。参观者真的住在这面墙上，这使他可以看到里面、游泳池和外面、城市，但他既不在房子里面也不在房子外面。在斯坦纳住宅的餐厅里，朝向窗户的视线被下方的镜子折叠，将室内变成了外部的风景。主体被错置了：无法安全地处于住宅内部，它只能处于窗和镜子之间不安全的边缘地带。

这种与限制有关的变动在1898年维也纳的古德曼&萨拉奇（Goldman & Salatsch）男装商店得到了加强。这个商店的空间介于室内的私密领域和外部世界之间。它处于身体和语言之间，家庭生活空间与社会交换空间、经济空间之间的交汇点上。古德曼&萨拉奇为客户提供内衣和领带、帽子和手杖等外部配饰——也就是最贴身、最私密的衣饰，服装与身体最紧密地结合，与此同时（实质上和象征意义上）支撑着身体作为一种形象（身体的道具，人体假肢）。在这家商店里，那些"不可见的"最私密的衣饰，被展示和出售：它们放弃了家庭生活领域，进入了交易的领域。相反，那些"可见"的、最明确地代表了这个交换场所的物品，在公共领域保障人类形象一致性的面具，则进入了室内。

一张发表在1901年《室内》（*Das Interieur*）杂志上的照片，展示了这样一个空间，空间的表面被高高的长方形黑框镜面所覆盖，有些镜子是固定的，有些是柜门，还有一些是通向其他空间的开口。这里有两个男性形象，一个可能是从试衣间的私密氛围中走出来的客户，另一个是从外部金融世界进入其中的会计。他们占据着同一墙面，但是这种占据的性质却不甚清晰。他们中的一个站在一处开口的入口处，他的形象反射在镜面门上，也许还反射在对着右侧的橱柜门上。另一个形象更加神秘，因为只有在吧台后的身体上半身是可见的，就像是被一个笼子给囚禁住了似的。即使有最近重建的商店平面图作参照（原有的商店已经不在了），也无法确定这些形象在空间中的位置。其中的一个看上去是站在他背影旁边的。他身体的深度，其物质的存在，都被消除了。其他的反射影像出现在这个空间的各处，却没有身体的实体能够产生它们。

在这张照片错综复杂的空间之中，唯有一个的女性形象是"完整的"并清晰地出现在这个空间里的。就像是再一次表明，在现代性中，这是男性的主体，或者说男性化本身的构筑，已经不知道该于何处立身。现代性所产生的威胁，即如何把握大都市的不可控性，是阉割的威胁。在这个意义上说，或许人们应该更密切地注意与大都市之间重复出现的联系以及其与女性化之间未被定义的边界。

此外，在古德曼&萨拉奇的照片中被分裂和碎片化的主体 并不是空间中唯一的"居住者"。人像在墙面上的分解不仅让人怀疑他们所在的位置，也让人怀疑观看照片的人所在的位置。照片的观众，试着掌握理解图像，却无法知晓他或她在与照片的关系中处于何种位置。

即使是路斯，作为这个空间的建筑师，被认为对于形象极有掌控力的人，也同样是他自己作品的一个困惑的观众。把路斯幻想成一个权威、一个掌控一切的人、一个主宰着自己作品的人、一个未被分裂的主体，这是令人怀疑的。事实上，他是被这件作品所构建、控制、分裂的。关于"空间体积规划"的想法，举例来说：路斯（在没有完成的工作图纸的情况下）建构了一个空间，然后允许他自己被这个建构所操纵。就像他的那些房子的居住者，他既是客体的内部又是客体的外部。客体对他的管辖力就像他对客体拥有的管辖力一样大，他不只是一个作者。[38]

这种现象对评论家也不例外。无法脱离客体的评论家在制造一个新的客体的同时也被这个新客体所制造出来。展现其自身的评论，作为对一个已经存在的客体的新的解读，事实上建构了一种全新的客体。20世纪60年代的路斯，这个现代主义运动的不喜装饰的先锋，在20世纪70年代被另一个"完全感官的路斯"所取代，而在20世纪80年代则变成了"经典主义者路斯"。在另一方面，那些声称是非阐释性的、纯粹客观的清单式的读本，如20世纪60年代芒兹（Münz）和昆斯特勒（Künstler）所著的以及80年代格拉瓦尼奥洛（Gravagnuolo）关于路斯的标准专著——正是通过他们所控制的客体打破了平衡。在他们对约瑟芬·贝克住宅的解读中，这种异化表现得最为明显。

芒兹，与一个完全谨慎的作家相反，在评价这座房子的时 候以感叹开始："非洲：这是一个或多或少由对这个模型的沉思而产生的形象，"但他随后承认他不知道为什么要使用这个形象。[39]他试图分析这个项目的形式特征，但他所能得出的结论是"它们看起来很奇怪，充满异国情调。"这段话中最引人注目的是，人们一时无法确定芒兹指的是住宅的模型，还是约瑟芬·贝克本人。他似乎既不能间离于这个项目，也不能参与进去。

像芒兹一样，格拉瓦尼奥洛（Gravagnuolo）发现自己写东西却不知道为什么，他责备自己，然后试图重新控制自己：

"首先，这个欢乐的建筑中有一种魅力。不仅仅是立面的

阿道夫·路斯，古德曼&萨拉奇男装商店展示间，维也纳，1898年。

双色性，而且（正如我们应当看到的）其内在衔接的壮观属性决定了它精致而诱人的特色。假如一个人想要了解合成的机制，就不该耽于一堆建议，而必须把这个'玩具'与**分析性的间离**一起化为碎片。"[40]

然后他提出了一套在书中其他地方都没有用到的分析范畴（"建筑的内向性""双色主义的复兴""人工化的布置"）。并且，他总结道：

"波光粼粼的水体，让人焕然一新的游泳、水下探险所带来的偷窥的乐趣——这些都是这个欢乐的建筑中精心平衡过的成分。但是更重要的是，被这栋为卡巴莱歌舞明星所设计的住宅的主题所暗示的，不是一个对于粗俗的好莱坞品位的投降，而是对于观者的邀请，被路斯以一种谨慎和**智性的间离**所处理的，是一个诗意的游戏，包括对于那些引言的记忆和对于罗马精神的暗指。"[41]

格拉瓦尼奥洛最终把路斯"处理"项目的手法归于（从好莱坞、粗俗品位、女性化的文化中）"间离"（detachment），就像评论家本人在对其分析之中想要重新获取的那样。这种对于间离的坚持，对于在评论和评论的客体之间、建筑师和建筑物之间、主体和客体之间重新建立一种距离的坚持，当然是对芒兹和格拉瓦尼奥洛没能把他们自己与客体分离的这个明显事实意有所指。约瑟芬·贝克住宅的形象带来了愉悦，但也表现了由"他者"所造成的阉割的威胁：在水中的女性形象——液态的、难以捉摸的、无法被控制和压制的。应对这种威胁的一种方式是拜物迷恋。

约瑟芬·贝克住宅代表了身体地位的转变。这种转变不仅涉及性别的认定，还涉及种族和阶级的认定。家庭内部的剧院包厢让居住者背对着光线。身体呈现为一个剪影，神秘而令人向往，但背光也使其呈现为一个实体吸引着人们的注意，与住宅的室内一起，成为在这个住宅中的一种身体性的呈现。居住者控制着室内，也被困在其中。在贝克住宅中，身体被打造为一种奇观，一种有情色意味的凝视的对象，一种情色的观看系统。住宅的外部不能被解读为一副被设计成用来隐藏其室内的无声的面具；它是一个不反映室内的带有图案的表面，既不隐藏也不揭示室内。这种对表面的拜物迷恋在这个"室内"中不断重复。在走廊里，游客们消费着附着在窗户表面的贝克的身体形象。像身体一样，这栋住宅也都是表面；它不只有一个室内。

窗户

在勒·柯布西耶设计的住宅里，或许可以观察到与路斯设计的室内相反的情况。在照片中，窗户从来不会被窗帘遮蔽，也不会有障碍物阻止人们接近窗户。相反，在这些房子里，每样东西似乎都是以不断将主体的注意力抛向房子周边的方式来处理的。这种外观以一种深思熟虑的方式指向外部，从而暗示着将这些房子作为景框。即使在"室外"，在露台上或"屋顶花园"中，墙壁也被构造为可以框景的，看从那里到室内的风景，就像在一张萨伏伊别墅的经典照片中那样，视线直接穿过别墅进入框取的景观之中（因此，事实上可以说是一系列重叠的景框）。这些景框通过"漫步"（promenade）被赋予了时间性。与阿道夫·路斯的房子不同，这里的感知是在动态中发生的。很难想象一个人在静止的位置上。如果说路斯的室内照片给人的印象是有人准备要进入这个房间，那么勒·柯布西耶的室内照片给人的印象是有人曾在那里待过，留下了痕迹——在萨伏伊别墅入口处的桌子上放着一件外套和一顶帽子（还请注意，这

勒·柯布西耶，萨伏伊别墅，普瓦西，1929年。空中花园 284

萨伏伊别墅。门厅

285

萨伏伊别墅。厨房

窗户

勒·柯布西耶，加歇别墅，1927年。厨房　　　　　　　　　　　287

萨伏伊别墅。屋顶花园 288

窗户 239

里的门一直开着，进一步暗示我们刚刚错过了某个人），又或是在加歇别墅厨房里的一条生鱼（无论你能拿它做成什么）。甚至一旦我们已经到达这所住宅的最高点，正如在萨伏伊别墅阳台上框住景观的窗户的窗台上，漫步至坡道的终点，在这里我们也能发现一顶帽子、一副太阳镜、一个小包装盒（香烟？）和一个打火机，而此刻，这位**绅士**去了哪里？因为，当然你可能已经注意到，这些私人物品都是男性物品（从来没有手袋、口红，或女性的一些衣服）。但在那之前，我们在跟踪一个人，他存在的痕迹以一系列室内照片的形式呈现在我们面前。观看这些照片的目光是一种被禁止的目光、一种侦探的目光、一种窥视性的目光。[1]

在由皮埃尔·切纳尔（Pierre Chenal）[①]与勒·柯布西耶导演的电影《今日建筑》（*L'architecture d'aujourd'hui*，1929年）中[2]，勒·柯布西耶作为主演驾驶着自己的车来到加歇别墅的入口，下车后以一种充满活力的姿态走进了这栋住宅。他穿着一件深色的西装，打着领结，头上打着发蜡，每根头发都梳得整整齐齐，嘴里叼着一支烟。镜头平移掠过住宅的外部，到达"屋顶花园"，那里有坐着的女人和玩耍的孩子，一个小男孩正开着他的玩具汽车。此时，勒·柯布西耶再次出现，但是在阳台的另一侧（他从未与女人和孩子接触），他在抽烟。然后他矫健地爬上旋转楼梯，楼梯通向这栋住宅的最高点——一个瞭望台。他仍然穿着正装，嘴里依旧叼着香烟，他停下来凝视着从这个角度看出去的风景，他在向外看。

在这部电影中，还有一个女人的身影穿过一栋住宅。框住她的这栋住宅是萨伏伊别墅。这里没有车开进来。相机从远处拍摄这栋住宅，将其视为风景中的一部分。之后移动拍摄了住宅的室外与室内。就在那里，穿过室内的途中，这个女人出现在了屏幕上。她已经在室内了，已经被这栋房子所包围、限制。她打开通往露台的门，沿着坡道走向屋顶花园，背对着镜头。她穿着"室内的"（非正式的）衣服和高跟鞋，扶着扶手向上走，她的裙子和头发在风中飘动。她看上去很脆弱。她的身体是支离破碎的，不仅被相机框住，也被这栋房子本身框住，在格栅之后。她似乎正从房子的内部走向外部，走向屋顶花园。但这个外部又再次被构建成了内部，有一面墙包裹着这个空间，且空间中一个窗户尺度的开口框住了景观。女人继续沿着墙走，好像被墙保护着，当墙弯成一个曲线形成日光浴室时，女人也转过身来，拿起一把椅子，坐了下来。她将面对"室内"，也就是她刚刚穿过的空间。但镜头现在向我们展示的是露台的全貌，她已经消失在灌木丛中。也就是说，就在她转过身来可以面对镜头的那一刻（她无处可去），她消失了。她从未注意到我们的

---

① 皮埃尔·切纳尔（Pierre Chenal，1904—1990年），法国导演和编剧。——译者注

加歇别墅。电影《今日建筑》中的剧照，1929年 290

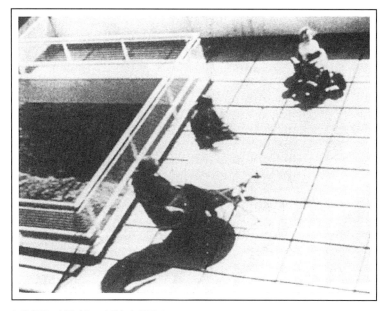

加歇别墅。电影《今日建筑》中的剧照

萨伏伊别墅。电影《今日建筑》中的剧照："住宅不是监狱：每走一步，改变都在发生。"　　292

目光。在这里，我们实际上是在跟踪某个人，这个视角属于偷窥者。

　　我们可以积累更多的证据。勒·柯布西耶建筑的照片中很少有人出现。但在有人出现的少数情况中，女人总是将目光避开镜头：大多数时候，她们是从背后被拍摄的，而且她们几乎从未和男人占据同样的空间。以《勒·柯布西耶全集》中光明公寓（Immeuble Clarté）①的照片为例。其中一幅照片中，女人和孩子在室内，他们面对着墙，从背后被拍摄；男人则站在阳台上，向外眺望着城市。在接下来的一张照片中，女人同样也是从背后被拍摄的，她靠在阳台的窗户边，看着阳台上的男人和孩子。这种空间组织经常被重复，不仅体现在照片中，也体现在勒·柯布西耶设计项目的草图中。例如，在华纳项目（the Wanner project）②的一张草图中，楼上的一位女人斜靠在阳台上，俯视着她的英雄——站在**空中花园**（jardin suspendu）里的拳击手，而他正看着他的拳击袋。在《光辉农场》（*Ferme radieuse*）这幅画中，厨房里女人的目光越过柜台，看着坐在餐桌旁的男人，他正在看报纸。这里，女人再次被置于"室内"，而男人被置于"室外"；女人看着男人，男人看着"世界"。

　　不过，也许没有什么例子比1929年在"秋季沙龙展"（Salon d'Automne）展出的一间起居室的照片拼贴更能说明问题了，这间起居室中包括了"一间居所的所有设备"，此项目是勒·柯布西耶与夏洛特·佩里昂③合作完成的，而佩里昂的功劳几乎被抹掉了。事实上，如今我们认为这个家具是"勒·柯布西耶的"作品，而其中一些，例如《**转椅**》（the siège tournant），是佩里昂在遇到勒·柯布西耶之前设计、展出并出版的。[3]在勒·柯布西耶登载在《勒·柯布西耶全集》上的这张照片中，佩里昂自己躺在转椅上，她的头背向镜头。更重要的是，在这幅摄影拼贴所使用的原始照片中（以及在《勒·柯布西耶全集》中另一张以水平位置展示此转椅的照片中），我们可以看到椅子是直接靠墙放置的。引人注目的是，她面对着墙壁，她几乎是墙的一个附着物，她什么也看不到。

　　当然，对勒·柯布西耶而言，他曾这样写道："只有在我能看见的条件下，我才在生活中存在"（《精确性》，1930年），或者是"这是关键：去看……去看/观察/领会/想象/发明，创造"（1963年），并且在他生命的最后几周，他也写道："我始终保持一个不悔悟的视觉"[《说明》（*Mise au point*）]，一切都在视觉中。[4]但是视觉在这里意味着什么？

---

① 此处翻译暂且参考于洋在豆瓣上刊载的《光明公寓和它的时代》一文。——译者注
② 同上。——译者注
③ 夏洛特·佩里昂（Charlotte Perriand）（1903—1999年），法国建筑师与设计师。——译者注

勒·柯布西耶，光明公寓，日内瓦，1930—1932年。室内场景 294

光明公寓。阳台 295

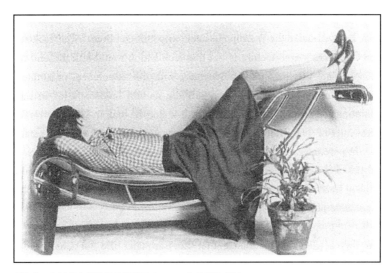

夏洛特·佩里昂在紧靠墙边的躺椅上。1929年秋季沙龙展   298

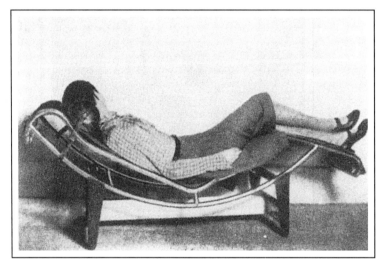

水平放置的躺椅 299

如果我们现在回到《明日之城市》（*L'Urbanisme*）中勒·柯布西耶提到路斯的窗户的那段话（"有一天路斯告诉我：'有教养的人不会向窗外看；他的窗户是一块磨砂玻璃；窗户只是为了让阳光照进来，而不是让视线穿过它'"）[5]，就在那篇文章中，他给我们留下了一个解开谜团的线索，他接着说："这种情绪（路斯对于窗户的情绪）可以在拥挤、混乱的城市里得到解释，在那里，混乱呈现于令人痛苦的图像中；在壮丽的自然景色面前，人们甚至可以容许（路斯窗户的）悖论，实在是太壮丽了。"[6]

对勒·柯布西耶来说，大都市本身"太壮丽了"。勒·柯布西耶建筑中的观看并不像19世纪的观看者在壮丽的自然景观面前表现出的那种超然（就像在卡斯帕·大卫·弗里德里希①的画中那样），并非仍然假装端详着大都市的奇观。它也并非休·费里斯②的图纸《明日的大都市》（*The Metropolis of Tomorrow*）中的观看，例如，一个小人物栖息在摩天大楼的顶端往下看无底深渊般虚构的城市峡谷，同样的还有弗里德里希的穿着都市衣服的小人物注视着的无可想象的景象。[7]

从这个意义上说，勒·柯布西耶为查理·德·贝斯特吉③设计的位于巴黎香榭丽舍大道一栋现有建筑上的顶层公寓（1929—1931年），成为一种征兆。这座房子原本不是用来居住的，而是用来接待访客并用做聚会（"日间派对、晚会"，勒·柯布西耶说道）的场所，里面没有电灯照明。贝斯特吉曾写道："蜡烛恢复了它的所有权利，因为它是唯一能发出生命之光的。"[8]相反，"电，现代能源，是无形的，它不会照亮居所，但可以启动门扇并移动墙体。"[9]就像勒·柯布西耶在《今日的装饰艺术》中定义为"人的肢体物"［回应我们"类型化需求"（besoins-types）的"我们肢体的延伸"］的"驯服的仆人"一样，"谨慎且谦逊，为了使其主人自由"[10]，电在这栋公寓室内被用于滑动隔墙，运转门扇，并使电影投影于金属屏幕上（随着滑轮带动吊灯上升而自动展开），并且在室外，在屋顶露台上，被用于滑动树篱以框取巴黎的景色："只要按下一个电钮，绿色的树篱就会移开，巴黎随即出现。"（En pressant un bouton électrique, la palissade de verdure s'écarte et Paris apparaît.）[11]电在此不是用来照明的，也不是用来显现的，而是作为一种取景的技术。门、墙体、树篱，也就是说那些传统的建筑框架装置，被电力激活，

---

① 卡斯帕·大卫·弗里德里希（Caspar David Friedrich）（1774—1840年），19世纪德国浪漫主义风景画家。——译者注
② 休·费里斯（Hugh Ferriss）（1889—1962年），美国建筑师、插画家和诗人，探索现代城市生活的心理状况。——译者注
③ 查理·德·贝斯特吉（Charles de Beistegui）（1895—1970年），出生在法国的一位古怪的西班牙百万富翁、艺术收藏家和室内设计师，是20世纪中叶欧洲生活中最耀眼的人物之一。——译者注

勒·柯布西耶，查理·德·贝斯特吉公寓，巴黎，1929—1931年

而内置的电影摄像机及其投影屏幕也是如此，并且当这些现代的框架被**点燃**（lit），吊灯的"生命"之光让位于另一种活跃的光，电影闪烁的光——"飞速闪过的光影"（flick）。

这种新的电影之"光"取代了传统的围合形式，正如在此之前电所实现的一样。在贝斯特吉的公寓建成前后，巴黎电力公司（La Compagnie parisienne de distribution d'électricité）出版了一本宣传书《家庭用电》（*L'Electricité à la maison*），试图争取客户。在这本书中，电是通过建筑可见的。安德烈·柯特兹①的一系列照片展示了当代建筑师所设计的室内场景，包括奥古斯特·佩雷（A. Perret）、查萨特（Chaussat）②、拉普拉德③以及佩雷（M. Perret）。其中之一，或许是最不寻常的，是查萨特设计的一栋公寓露台（用玻璃围合）上的一扇"水平窗"的特写，窗外的巴黎尽收眼底，窗台上放着一台电风扇。这张照片标志着窗户的两个传统功能——通风与采光的分离，两者现在已被动力机器，以及窗户的现代功能——用以框景所取代。而另一方面，贝斯特吉公寓则是媒体对新形势的一种评论。在这里不仅用电来运作新的媒体设备［"收音机（*la T.S.F.*）、耳机和拾音器（*le théâtrophone et le pickup*），它们被安装在屋顶花园、会客室和卧室等多种环境中"］[12]，而且公寓室内和室外空间中的景色也同样被技术所控制："从瞭望台可以看到巴黎的全景……但构图（parti）却要抑制巴黎的全景……而是提供［相反］，从精确的地点，可以看到确立巴黎声望的四座建筑的动人景象（perspectives émouvantes）：凯旋门、埃菲尔铁塔、圣心大教堂和巴黎圣母院。"例如，室外空间中露台的第一个平台（分四个标高组织起来）被树篱墙围合。从那里，人们发现，在石头台阶之上，圣母院的风景与城市的其他部分隔绝。按下电子按钮，绿植的篱笆慢慢地滑动，露出了巴黎。室内空间中，客厅设有两扇观景窗（一扇朝南，对着埃菲尔铁塔；另一扇朝东，对着巴黎圣母院）；朝南的窗户有一半可电动移动，打开了大露台的视野，凯旋门出现在修剪整齐的箱形树之间。这些只是此项目中所使用的多种取景设备中的两个。勒·柯布西耶宣称，这栋公寓中复杂的机械和电气设施耗费了4000米的电缆，彼得·布莱克（Peter Blake）忍不住评论道，只有"一个爱上现代机械的法国人才会在描述一个景观项目时提及使其运转所需的电缆的长度。"[13]

这些多重的技术与传统的建筑元素合谋，使室内与室外的区别成了问题。在这栋顶层公寓中，一旦到达露台的上层，露天室（chambre à ciel ouvert）的高墙只允许城市天际线的一些

---

① 安德烈·柯特兹（André Kertész）（1894—1985年），匈牙利裔摄影师，以在摄影构图和专题摄影领域的开创性贡献著称。——译者注
② （未查到准确信息）勒内·查萨特（René Chaussat）——译者注
③ 阿尔伯特·拉普拉德（Albert Laprade）（1883—1978年），法国建筑师，以多雷宫（Palais de la Porte Dorée）而闻名。——译者注

《家庭用电》。建筑师查萨特。摄影师安德烈・柯特兹

窗户

片段露出：凯旋门、埃菲尔铁塔和圣心大教堂的顶部。并且只有待在室内，利用（潜艇）潜望镜暗箱，才有可能欣赏到这个大都市的壮观景象。塔夫里曾写道："介于顶层公寓和巴黎全景之间的距离是由一种技术设备——潜望镜确保的。片段和整体之间'天真的'重新统一不再可能；技巧的介入是必要的。"[14]

但是，如果这种潜望镜，这种原始形式的假体，这种"人工肢体"，回到勒·柯布西耶在《今日的装饰艺术》中的概念，在贝斯特吉公寓里是必要的（这栋房子的其他技巧，用电驱动的框景装置，以及其他的假体也是同样必要的），这只是因为这栋公寓仍然位于一个19世纪的城市：它是香榭丽舍大街上的一栋顶层公寓。在"理想"的城市条件下，这栋房子本身成为一个技巧。

对勒·柯布西耶而言，新的城市环境是媒体作用的结果，媒体建立了人工制品和自然之间的关系，使得路斯窗户、路斯系统的"防御"变得没有必要。在《明日之城市》一书中，勒·柯布西耶在引用路斯窗户的同一段中继续写道："水平的凝视通向远方……在我们的办公室里，我们会有一种作为瞭望员的感觉，俯视着一个井然有序的世界……摩天大楼把一切都集中在它们自身：废除时间和空间的机器、电话、电缆、收音机。"[15]路斯室内内向的凝视转向自身的凝视，在勒·柯布西耶那里，变成了对外部世界统治的凝视。但为什么这种凝视是水平向的？

这个问题又使我们回到了勒·柯布西耶和佩雷关于水平窗的争论。[16]勒·柯布西耶一度试图以一种准科学的方式证明，水平的窗户能更好地照明。有代表性的是他依赖于摄影师给出曝光时间的图表：

"我已经说过，水平的窗户比垂直的窗户照明更好。这些都是我对现实的观察。然而，我也有激烈的反对者。例如，下面这句话被扔向我：'一扇窗户就是一个人，它是直立的！'如果你想要的是'词语'，那很好。但我最近在一个摄影师的图表中发现了这些清楚的图表；我不再沉浸在个人观察的近似之中。我正面对着对光作出反应的感光胶片。这表上写着：……在一个有一扇水平窗户照明的房间里，底片的曝光时间要比有两个垂直窗户照明的房间少四倍……女士们、先生们……我们已经离开了维尼奥拉式的学院派海岸。我们在海上；在我们把今晚分离出去之前，一定要先弄清楚自己的定位。首先，建筑：桩基承载着地面上房屋的重量，悬在空中。**从这栋房子看出去的景色是绝对的景观，与地面没有联系。**"[17]

如果对佩雷来说，"一扇窗户就是一个人，它是直立的"，那么在勒·柯布西耶那里，佩雷的落地窗后直立的人已经被一台照相机所取代。景色自由浮动，"与地面没有联系"，也与相机后面的人没有联系（摄影师的分析图表取代了"个

贝斯特吉公寓。露台的第二及第三层标高。绿植的篱笆正慢慢地滑动，巴黎圣母院一览无余

304

贝斯特吉公寓。分隔客厅与餐厅的墙体以电动方式滑动 305

贝斯特吉公寓。露天室

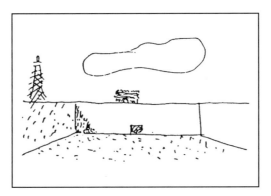

香榭丽舍大街9层的草坪和墙壁（Pélouse et murs au neuvième
étage aur Champs-Elysées）

308

贝斯特吉公寓。有潜望镜的露台。"巴黎是隐藏的：你只能看到巴黎一些神圣的地方：凯旋   309
门、埃菲尔铁塔、杜伊勒里宫和巴黎圣母院的前景、圣心大教堂。"（Paris est caché：on ne
voit apparaitre que quelques-uns des lieux sacrés de Paris：L'Arc de Triomphe，la Tour Eiffel，la
perspective des Tuileries et de Notre-Dame，le Sacré-Coeur.）

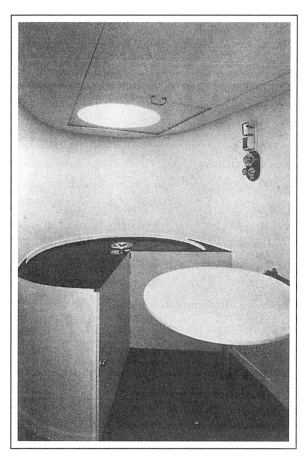

贝斯特吉公寓。潜望镜—暗箱。从客厅通向花园的第三层的楼梯平台，310
以及潜望镜投射巴黎的景色于其上的玻璃桌。楼梯被盖上以移除光线。
这张桌子可以降低到能够打开活门的位置

人观察")。"从这栋房子看出去的景色是属于某一范畴的（categorical）。"在框取景观时，房子将景观放置于一个分类系统中。房子成了一种分类机制，它收集景色，并在此过程中对它们进行分类。房子也是一种照相系统，决定画面本质的是窗户。在同一本书的另一段中，窗户本身被看作照相机的镜头："当你买了照相机，你决定在巴黎冬日黄昏之时，或是在绿洲灿烂的沙滩上拍下照片，你是怎么做到的？**你使用光圈**。你的玻璃窗格、水平长窗都随时可以用作光圈。你可以让阳光照进你喜欢的任何地方。"[18]

如果窗户是一个镜头，那么房子本身便是一个对着自然的照相机。它脱离自然，是可移动的。就像相机可以从巴黎带到沙漠，房子也可以从普瓦西带到比亚里茨（Biarritz），再到阿根廷。同样是在《精确性》一书中，勒·柯布西耶对萨伏伊别墅描述如下：

"这栋房子就像空中的一个盒子，四周被**水平长窗**穿透，没有任何干扰……盒子在草地的中央，高耸于果园之上……一层简单的柱子，通过精确的布置，以一种规律性的方式分割景观，产生了**消除房子的'前面'或'后面''侧面'意图的效果**……平面很纯粹，仅为最确切的需求制定。在普瓦西的乡村风光之中，它的位置恰到好处。但在比亚里茨，它会很壮观……我计划将与这栋同样的房子建在阿根廷美丽的乡村：我们将有20座房子矗立在一座果园的高草丛中，那里依旧会有牛在吃草。"[19]

这栋房子是通过它框景的方式以及这种框景对移动的游客对房子本身的感知的影响而被描述的。房子在空中。它没有正面，没有背面，也没有侧面。[20]它可以在任何地方。它是**非物质的**（immaterial）。也就是说，这栋房子并不是简单地作为一个物质对象——通过这个对象可以看到某些景观——被建造的。这栋房子不过是游客精心设计的一系列场景，就像电影制作人制作电影蒙太奇的效果一样。值得注意的是，勒·柯布西耶的一些方案，比如迈耶别墅（Villa Meyer）和吉耶特住宅（Guiette house），都是通过一系列组合在一起的草图，以及一只移动的眼睛来表现对房子的感知。[21]如前所述，这些草图使人想起电影分镜，一张图即一帧定格画面。[22]

《精确性》中对萨伏伊别墅的描述使人想起勒·柯布西耶在同一本书中对日内瓦湖岸边的小房子的建造过程的描述：

"我知道我们想要建造的地区沿湖有10到15公里长的丘陵。一个定点：有湖；另外有壮丽的景色，作为正面；再有是南向，同样也作为正面。

是否应该首先调查场地，然后根据场地制定平面？这是惯例。但我认为最好是制定一个精确的平面，理想情况下还能与希望从中得到的用途相匹配，并由上述三个因素来决定。这事办好之后，就可以带着平面出去寻找一个合适的场地了。"[23]

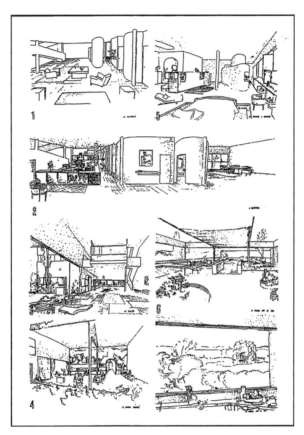

勒·柯布西耶，迈耶别墅，巴黎，1925年（第二稿方案）   313

"现代居住问题的关键，"勒·柯布西耶继续说道，"首先是居住……之后是安置自我［Habiter d'abord……Venir se placer ensuite］。"但是这里的"居住"（inhabitation）和"安置"（placement）是什么意思呢？"决定住宅平面"的"三个因素"——湖、壮丽的前景、同样是正面的南向——恰恰是决定场地照片的因素，或者更确切地说，是从场地拍摄的照片。"居住"在这里的意思是栖居在那张照片中。勒·柯布西耶写道："**建筑是在头脑中形成的**"，然后才被画出来。[24]在这之后，人们才寻找场地。但这个场地只是景色被"拍摄"，被移动镜头框起来的地方。这张照片的机遇在于建立移动性的交通系统的交叉点：铁路和景观。但即使是景观在此也被理解为10到15公里长的条带，而不是传统意义上的一个**场所**（place）。照相机可以安装在条带上的任何位置。地理现在被铁路网络所定义："地理位置确定了我们的选择，因为在20分钟车程之外的火车站，火车将连接米兰、苏黎世、阿姆斯特丹、巴黎、伦敦、日内瓦和马赛。"场所如今被交通系统所定义。"1922年和1923年，我多次登上巴黎—米兰快车，或是东方快车（巴黎—安卡拉）。我口袋里有一栋房子的平面图。一个没有场地的平面？一个寻找一块地的房子的平面？是的！"[25]

这栋房子与已经在脑海中形成的画面一同被画出来。房子被画成那幅画面的框架。这个框架建立了"看见"（seeing）和仅仅"看"（looking）之间的区别。它通过驯化"压倒性的"风景来创造画面。勒·柯布西耶写道：

"这里看到的墙的目的是挡住北面和东面，以及部分南面和西面的视线；因为从长远来看，到处都是令人无法抗拒的景色，会使人疲惫不堪。你是否注意到，**在这种情况下，人不再'看见'**？要赋予风景以意义，就必须限制并使其均衡；视线必须被只在特定战略点穿透的墙挡住，视线在这些点上不受阻碍。"[26]

正是这种对视线的驯化使房子成为住宅，而不是提供一个室内空间，一个传统意义上的住所。发表在《一座小房子》（Une petite maison）一书中的两幅图讲述了勒·柯布西耶的"安置自我"的含义。在其中一幅图"在一处开阔的地形上"（On a découvert le terrain）里面，一个小小的人站在那里，旁边有一只大眼睛，独立于人之外，朝着湖的方向。房子的平面位于眼睛和湖之间：房子被描绘成位于眼睛和风景之间。这个小人几乎只是个附属物。另一幅图"平面落于场地"（Le plan est installé），并没有像图名所指示的那样，表现出平面与场地的结合，就像我们传统上理解的那样。场地并不在图中，甚至在另一幅画中存在的湖岸的曲线也被抹去了。这幅图展示了房子的平面图，一片湖，以及一座山。也就是说，它显示了平面图和平面图之上的视野。"场地"是一个垂直的平面，即视觉平面。场地首先是一个景象。

315

318

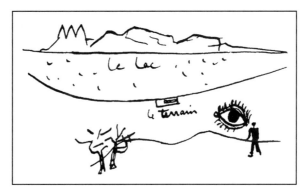

"在一处开阔的地形上"。《一座小房子》，1954年

316

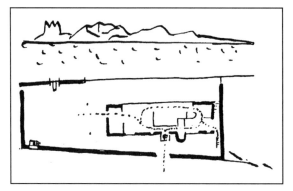

"平面落于场地"。《一座小房子》，1954年

当然，新建筑中不存在"原有"的东西，因为设计不依赖于任何特定的场所。勒·柯布西耶在他的著作中始终坚持建筑与场地的相对自治。再次提到这座小房子时，他写道："如今，大地与房子的一致性不再是一个场地或直接的文脉的问题。"[27]面对着里约热内卢的一处传统场地，他建造了一个"人造场地"："现在你有了想法：这里有**人造场地**，无数的新家园，至于交通——难题已经被解决了。"[28]然而，这一切并不意味着勒·柯布西耶的建筑是独立于场地的，而是场地的概念发生了变化。我们在这里探讨的是一个由景象定义的场地，一个景象可以被安置在多个场地。

"房产"（property）已经从水平走向了垂直的空间视野。即使在贝斯特吉公寓，首要的地点（从传统的观点来看），著名的**地址**——香榭丽舍大街——完全从属于**景色**。[29]事实上，从公寓里甚至看不见这条大街。眼睛抬起来了，但不只是为了获得全景。如果勒·柯布西耶放弃了使场所成为可能的巴黎全景，"压制"了这种视野，那只是为了用一系列被精确建造和技术控制的城市远景取代它。此外，凯旋门、埃菲尔铁塔、巴黎圣母院、圣心大教堂等的远景，与巴黎最具旅游特色的景点，也是巴黎的"标志"，即勒·柯布西耶所说的巴黎圣地（*lieux sacrés de Paris*），恰恰吻合。事实上，这些远景再现了当代明信片所描绘的巴黎的"现实"。的确，勒·柯布西耶不仅收集明信片，还把它们融入他的建筑项目中。考虑到这一点，他在为一栋位于法伯特街（rue Fabert）的公寓项目（1935年）绘制图纸时，将一张巴黎的明信片贴在纸上，并在其周围画上了他的设计方案，也就不足为奇了。对勒·柯布西耶来说，城市与其说是一种物质现实，不如说是一种再现、一种图像的拼贴。城市的肌理，街道的公共空间，已经被一套有限的图片集（很像一套标准的明信片）所取代，然而，这些图片并不能构成任何简单的统一整体。

如果对勒·柯布西耶来说，城市是明信片的集合，那么窗户首先是都市主义的议题。这就是为什么窗户成了勒·柯布西耶每一个城市规划的中心。例如，在里约热内卢，他发展出一系列代表室内空间与景观之间关系的插画：[30]

"里约热内卢的这座石山闻名遐迩。

它的周围是盘绕的山脉，沐浴着海水。

棕榈、香蕉树；热带美景使这个地方充满活力。

一个人停下来，安置了自己的扶手椅。

啪！四周有了一个框。啪！再加上透视的4条斜线。你的房间被安置在场地前。整个海景进入你的房间。"[31]

首先是一个著名的景点、一张明信片、一张照片（勒·柯布西耶不仅从一张真实的明信片上画出了这幅风景，而且在《光辉城市》一书中把明信片和草图并排放在一起，这并非偶

勒·柯布西耶，法伯特街公寓的蒙太奇照片 320

然）。[32]然后，一个人栖居在那幅画前面的空间，放上一把扶手椅。但是这个场景，这幅画，只是和房子同时构筑的。[33]"啪！四周有了一个框。啪！再加上透视的4条斜线。"房子被安置在场地的前面，而不是在场地之中。房子是风景的框架。 窗户是一个巨大的屏幕。但当风景**进入**房子，它便真正地"铭刻"在租约上："与自然的契约已密封盖印！通过在城市规划中可行的方法，可以**进入契约中的自然**。里约热内卢是一个著名的地方。但阿尔及尔、马赛、奥兰、尼斯和所有蔚蓝海岸、巴塞罗那，以及许多沿海和内陆城镇也都有令人赞叹的风景。"[34]

同样，有好多个场地可以容纳此项目：不同的地点、不同的照片（如旅游世界），而且包括同一地点的不同照片。窗户角度、取景略有不同的单元的重复，正如当这个小房间变成里约热内卢城市规划项目的一个单元时，这些居住单元在底层架空的高速公路下排成一条6公里长的条带，这再次暗示了电影胶片的概念，每个公寓的窗户便是一帧。在室内和室外都能感受到这种电影胶片的感觉："建筑？自然？班轮驶入，新的**水平的城市**映入眼帘：它使这个场地更加庄严。夜幕降临时，想象一下这条宽阔的**光带**吧。"[35]住宅的条带就像一段电影胶片一样，室内与室外都是如此。

对勒·柯布西耶而言，"居住"意味着栖居在相机里。但相机并非一个传统的场所，它是一种分类系统、一种档案柜。"居住"意味着使用这个系统。只有在这之后，我们才有了"安置"，也就是把风景安置在房子里，拍下一张照片，再把风景安置在档案柜里，对风景进行分类。

这种对场所的传统建筑学理解的关键转变在《光辉城市》一书中也有所体现，其中的一张草图将房子描绘成一个有视窗的小房间。在这里，一个公寓，悬在空中，被表现为电话、煤气、电力和水的终端。这个公寓还提供"精确配置的空气"（暖气和通风）："窗户是用来采光的，不是用来通风的！我们用机器来通风；这是机械的，是物理的。"[36]路斯的窗户将景象与照明分离，而勒·柯布西耶的窗户则将通风（用他的话来说就是**呼吸**）从这两种形式的"光"中分离出来。[37]在公寓里画有一个小人，窗户边有一只大眼睛望着外面。它们并不是统一尺寸的。在这里，公寓本身就是居住者与外部世界、照相机（和有生气的机器）之间的机关。外部世界也变成了机关，像空气一样，它也经过了调节和美化——它变成了风景。公寓用自身之眼定义了现代的主体性。传统的主体只能是**访客**，仅仅作为观看机制的一个临时部分。（传统的）人文主义的主体被取代了。

勒·柯布西耶恰恰是以**来访者**的身份来描写他房子里的居住者的。例如，关于萨伏伊别墅，他在《精确性》中写道：

"来访者直到此刻已在里面转了一圈又一圈，自问发生了什么事，难以理解他们看到和感觉到的一切的原因；他们找不到

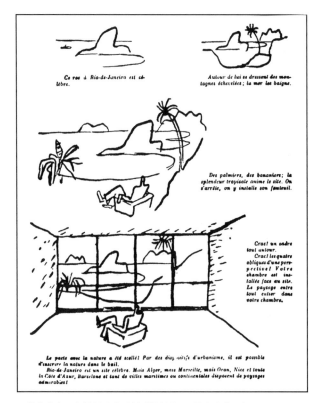

里约热内卢。场景是和房子同时构筑的。"男人之家"（La Maison des hommes），1942年

321

里约热内卢。明信片上著名石山的景色

里约热内卢。高速公路，被抬升至百米高空并"降落"于城市上空连绵的山脉。324
《光辉城市》，1933年

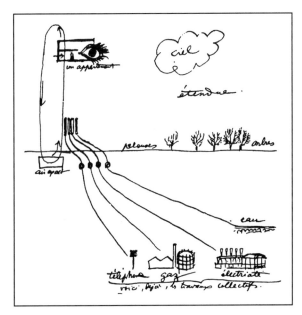

《光辉城市》中的草图，1933年 325

任何可以称之为'住宅'的东西。他们感到自己置身于全新的事物之中。……而我相信他们不会感到无聊！"[38]

勒·柯布西耶住宅的居住者无法被安置下来，首先是因为他们无法定位自己。他们不知道如何把自己和这所房子联系起来，它看起来不像一个"住宅"。其次是因为这个居住者只能是一个"访客"。不像路斯住宅的主体既是演员又是观众，既参与又远离家庭舞台，勒·柯布西耶的主体是以一种来访者、观众、摄影师、游客的距离与住宅间隔开的。

在勒·柯布西耶住宅的照片中作为"痕迹"留下的物品证实了这一点。它们往往是访客的物品（帽子、外套等），我们找不到任何传统意义上的"家庭生活"的痕迹。[39]这些物品也可以被理解为代表着建筑师，这些帽子、外套、眼镜绝对是属于勒·柯布西耶的。他们扮演的角色与勒·柯布西耶本人在电影《今日建筑》中扮演的角色相同，电影中他穿过这栋房子，而不是住在里面。即使是建筑师，也是以一位访客或电影演员的距离**疏离于**自己的作品的。 327

在丘奇住宅室内的一张照片中，桌上一顶随意放置的帽子和两本打开的书表明有人刚刚来过这里。一扇具有传统绘画比例的窗户被框起来，使它也可以被视作一个屏幕。在房间的角落里出现了一台安装在三脚架上的照相机，这是拍照的相机在镜子上反射的影像。作为这张照片的观者，我们处在摄影师的位置，也就是相机的位置，因为摄影师，就像来访者一样，已经离开了这个房间（我们被建议离开）。主体（房子的访客、摄影师、建筑师，甚至是这张照片的观者）已经离开了。勒·柯布西耶住宅中的主体疏远且流离于（疏离且无法安置于）他/她自己的家。

这种疏远也许与电影演员在摄影机的机械装置前所经历的没有什么不同。在本雅明引用的一段话中，皮兰德娄①是这样描述它的：

"电影演员感到似乎被放逐——不仅被放逐出了舞台，也被放逐出了自己。伴随着一种模糊的不适感，他感到了莫名其妙的空虚：他的身体失去了肉体存在，它蒸发了，它被剥夺了现实、生命、声音和它移动时产生的噪声，为了变成一个无声的形象，在屏幕上闪烁的瞬间，消失在沉默中。"[40] 329

戏剧必然清楚传统意义上的定位（emplacement），它总是关于在场（presence），演员和观众都被固定在一个连续的时空中，即演出的时空。而在电影的拍摄中却没有这样的连续性，演员的作品被分割成一系列不连续的、可组装的情节。对于观众来说，这种幻觉的本质是蒙太奇的结果。正如本雅明所说："舞台演员以其所扮演角色的性格来确定自己，电影演员却经常

———————
① 路易吉·皮兰德娄（Luigi Pirandello）（1867—1936年），意大利剧作家、小说家，1934年诺贝尔文学奖获得者。——译者注

勒·柯布西耶，丘奇住宅，阿夫赖城，1928—1929年

窗户

被拒绝给予这个机会。他的创作绝不是浑然一体的，它是由许多单独的表演组成的。"[41]

路斯建筑的主体是舞台演员。然而，当住宅的中心被空出来用于表演时，我们发现主体处于这个空间的入口。主体破坏了自身的边界，在其表演中分裂成了演员和观众。主体的完整性被分解了，正如他/她所占据的墙体被消解了一样。

勒·柯布西耶作品的主体是电影演员，"不仅与场景疏远，也与他自身疏远。"这种疏远的时刻在《光辉城市》的绘画中得到了明确的记录，在这里，传统的人文主义形象，房子的居住者，被视为相机镜头的附属；它来了又去，只是一个访客。

传统人文主义主体（居住者或建筑师）与眼睛之间的分离，就是看与见、外与内、景观与场地之间的分离。在勒·柯布西耶的画作中，居住者和寻找场地的人被描绘成微小的小人形。突然间那个小人**看见**了。一张图片记录了一只大眼睛从小人身上独立出来，这代表了那个时刻。这正是**居住**（inhabitation）的时刻。这种居住独立于**地点**（在传统意义上），它把外部变成了内部：

"我意识到我们所建造的作品不是独一无二的，也不是孤立的；它周围的空气也是其他表面、其他地面、其他顶棚的一部分；那种使我突然在布列塔尼岩石前驻足的和谐（万物合一）存在着，且可以在其他任何地方存在，并永远存在。作品不仅仅由它本身构成：外部同样存在着。外部像一个房间，将我整个关在它的整体之中。"[42]

"Le dehors est toujours un dedans"（外部同时也是一种内部）意味着，在他者之中，"外部"是一幅图画。而居住意味着**看见**。在《男人之家》（*La Maison des hommes*）中有一幅画，画的是一个人站在那里，和人形并排的还是一只独立的眼睛："让我们不要忘记，我们的眼睛离地5英尺6英寸（约1.7米）；我们的眼睛，这是我们感知建筑的入口。"[43]眼睛是通往建筑的一扇"门"，"门"当然是一种建筑元素，是"窗"的第一种形式。[44]在这本书的后面，"门"被媒体设备所取代，"眼睛是记录的工具"：

"眼睛是一种记录工具，它位于离地面5英尺6英寸的地方。

步行在我们眼前创造了多样化的景观。

但我们已经坐着飞机离开了地面，有了鸟的眼睛。我们所看见的，实际上是迄今为止只有灵魂所能看见的。"[45]

如果说眼睛是"记录的工具"，那么对于勒·柯布西耶来说，窗户首先是交流的工具。他反复将"现代"窗、瞭望窗、水平窗的概念与新媒介的现实相叠加："电话、电缆、收音机……用以废止时间和空间的机器。"控制如今存在于这些媒介之中。来自勒·柯布西耶的摩天大楼，将"统治世界于秩序之中"的目光，既不是从贝斯特吉公寓的潜望镜后探出的目光，也不是从路斯室内（转向自身）探出的防御目光。这是一种"记录"

330

332

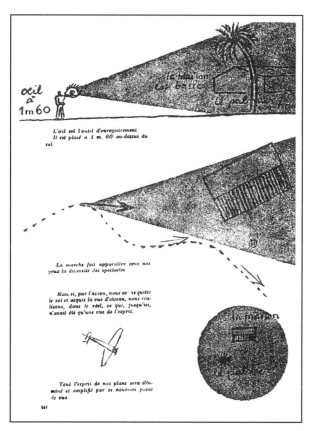

"眼睛是一种记录工具"（L'oeil est l'outil d'enregistrement）。"男人之家"，1942年

新现实的目光，一种"记录"的眼睛。《精确性》一书的整个论述都是围绕着现代性作为大众传媒的开放叙述展开的：

"机械化压倒了一切。

交流： 在过去，人们在用脚所能丈量的范围内组织他们的事业：时间有一种不同的历时方式。世界的概念巨大且没有边界……

互通： 有一天，斯蒂芬森发明了火车头。人们都嘲笑他。而且当商人们——即将成为新征服者的首批工业巨头——认真对待此事，要求通行权时，当时领导法国的政治家蒂耶尔先生立即介入议会，请求议员们不要偏离重要的事项。'一条铁路永远不可能连接两个城市……'

电报、电话、轮船、飞机、收音机出现了，现在又有了电视。在巴黎说的一句话，瞬间就会传到你跟前！……飞机无处不在；它们敏锐的眼睛搜寻着沙漠，穿透了热带雨林。铁路、电话加紧互通，不断地从乡村到城市，从城市到乡村……

地域文化的摧毁： 曾经被奉为最神圣的已然堕落：传统、祖先的遗产、地方思想……一切都被摧毁了，覆没了…… 333

哀诉者咒骂令人不安的机器。聪明、积极者则会想：趁还有时间，让我们在照片、胶片或磁带、书籍、杂志中记录下古老文化的崇高证据。"[46]

勒·柯布西耶的建筑是通过这种与大众传媒的联系而产生的，但对路斯而言，其观点的关键最终还是要在他关于时尚的论述中找到。在路斯看来，英式西装是支撑个人在大都市生存的必要面具，而在勒·柯布西耶看来，英式西装既笨重又低效。并且当路斯将英国男性时尚的**高贵**与女性的化装舞会相比较时，勒·柯布西耶却称赞女性的时尚胜过男性的时尚，因为女性时尚经历了**变化**，一种现代的变化。

"女人领先于我们。她们对自己的衣着进行了改良。她们发现自己处于走进了死胡同的状态：若追随时尚，便意味着放弃现代技术和现代生活的有利之处，放弃体育运动，以及更重要的是，无法从事那些使妇女成为提高当代生产力的一部分并使她们能够**自食其力**的工作。若追随时尚：她们便不能开车，也不能坐地铁或公共汽车，甚至不能在办公室或商店里迅速行动。为了进行日常的'梳妆'：发型、鞋子、为连衣裙系扣，她们连睡觉的时间都没有。所以，女人们剪掉了头发、裙子和袖子。她们摘掉帽子、露出胳膊、脱下长筒袜出门。这样她们5分钟就能穿好衣服。她们是如此美丽，她们用自己优雅的魅力吸引我们，连设计师们也承认利用了她们的优雅。勇气、活力和创新精神，使女性的衣着发生了革命性的变化，这是一个现代的奇迹。谢谢你们！ 334

而我们男人呢？多么令人沮丧的局面啊！我们的穿着看起来就像拿破仑时期的大军团，衣领还是浆过的！我们一点儿也不舒服。"[47]

我们记得，路斯说起房子的外部时提到了男性时尚，而勒·柯布西耶对时尚的评论则是在家庭内部装饰的语境下提出的。（路易十四）风格的家具应该换成**功能性设备**（标准化家具，很大程度上源自办公家具），而这种变化被同化为妇女在着装上的变化。不过，他也承认，男性着装也有一定的优势："我们穿的英式西装在某些重要方面取得了成功。它使我们**保持中立**，在城市中表现出中立的形象是有用的。占主导地位的标志不再是帽子上的鸵鸟羽毛，而是凝视。这就够了。"[48]

除了最后一句"占主导地位的标志……是凝视"，勒·柯布西耶的论述完全是路斯式的。但与此同时，正是勒·柯布西耶所说的那种凝视标志着他们之间的不同。对于勒·柯布西耶来说，内部不再需要被定义为一个防御外部的系统。"外部同时也是一种内部"的意思是，内部不仅仅是由与外部的对立所定义的有边界的领域。外部被"铭刻"在住宅中。大众传媒时代的窗户为我们提供了另一种平面图像，窗户是一个屏幕。因此，他坚持要消除所有突出的元素，"除去维尼奥拉式的"窗户，压平窗台："维尼奥拉先生并不关心窗户，他只关心'窗户之间'（的壁柱和柱子）。而我以'建筑是飘浮的地板'来去维尼奥拉化。"[49]

当然，这个屏幕会破坏墙面。但在这里，它不像在路斯的房子里那样，是一种**物质实体的**破坏、一种对墙的**占据**，而是一种新兴媒介带来的**非物质化**。建筑几何结构的组织摆脱了透视锥，从人文主义的眼睛变成了相机的角度。正是在这种挣脱中，现代建筑通过与媒介的互动而变得现代。鉴于媒介经常被视为女性化的，意识到这种挣脱在性别方面并非中性就不足为奇了。男性的时装令人感觉不舒服，却赋予穿着者以"凝视"，即"占主导地位的标志"。女性的时装是实用的、现代的，却把她们变成了别人凝视的对象："现代女性剪了头发，我们的目光欣赏的是她双腿的形状。"她们成了一幅图画。她们什么也看不到。她们是一堵不再存在于此的墙的附属品，被一个空间所包围，而这个空间的界限是通过凝视来界定的。如果对勒·柯布西耶来说，女性就是现代性的象征，那么这个形象的地位仍然令人不安。

335

注释

档案

1

海因里希·库尔卡（Heinrich Kulka），《阿道夫·路斯：建筑师的工作》（*Adolf Loos: Das Werk Des Architekten*），弗朗茨·格鲁克对此书亦有所贡献（维也纳：安东·施罗尔出版社，1931年；并由维也纳洛克出版社于1979年再版）（Vienna: Anton Schroll, 1931; rpt. Vienna: Löcker, 1979）。

2

比照参阅布卡特·卢克什齐奥所著文章"阿道夫·路斯解析：关于阿尔贝娜博物馆馆藏图片中路斯档案的研究"（Adolf Loos Analyzed: A Study of the Loos Archive in the Albertina Graphic Collection），《莲花国际》（*Lotus International*）第29期（1981年），第100页。

3

艾伦·布鲁克斯，前言，《勒·柯布西耶》（*Le Corbusier*），艾伦·布鲁克斯编（普林斯顿：普林斯顿大学出版社，1987年），第ix页。此书收录了最初发表于《勒·柯布西耶档案》一书中的15篇论文，参见《勒·柯布西耶档案》，由艾伦·布鲁克斯编，32卷（纽约：加兰出版社；巴黎：勒·柯布西耶基金会，1982—1984年）（New York: Garland Publishing Co.; Paris: Fondation Le Corbusier, 1982—1984）。《勒·柯布西耶笔记》（*Le Corbusier Carnets*），4卷（纽约：建筑史基金会；巴黎：赫舍尔/德桑和托拉出版社，1981—1982年）（New York: Architectural History Foundation; Paris: Herscher/Dessain et Tolra, 1981—1982）。朱利亚诺·格雷斯莱里（Giuliano Gresleri），《勒·柯布西耶，东方之旅》（*Le Corbusier, Viaggio in Oriente*）（威尼斯：马尔西利奥出版社；巴黎：勒·柯布西耶基金会，1984年）（Venice: Marsilio Editori; Paris: Fondation Le Corbusier, 1984）。

4

《勒·柯布西耶，一部百科全书》（*Le Corbusier, une encyclopédie*），由雅克·卢肯（Jacques Lucan）编，在乔治·蓬皮杜中心举办的"勒·柯布西耶的冒险之旅"（L'aventure Le Corbusier）展览上发表（巴黎：蓬皮杜中心出版社，1987年）；共66位作者、144篇文章、231个词条。

5

勒·柯布西耶与皮埃尔·让那雷（Pierre Jeanneret），《作品全集》（*Oeuvre complète*），由威利·博奥席耶（Willi Boesiger）编，8卷（苏黎世：吉尔斯伯格出版社，1930年及其后）（Zurich: Girsberger, 1930ff.）；第1卷，1910—1929年；第2卷，1929—1934年；第3卷，马克斯·比尔（Max Bill）编，1934—1938年；第4卷，1938—1946年；第5卷，1946—1952年；第6卷，1952—1957年；第7卷，1952—1965年；第8卷，1965—1969年。

6

另外，值路斯生日之际，一本收录了来自其朋友、同事和客户文稿的纪念文集亦得以出版，参见《阿道夫·路斯，六十周岁纪念文集，于1930年12月10日》（*Adolf Loos: Festschrift zum 60. Geburtstag am 10.12.1930*）（维也纳：理查德·兰尼出版社，1930年）（Vienna: Richard Lanyi, 1930）。

7

路德维希·芒兹（Ludwig Münz）与古斯塔夫·昆斯特勒，《建筑师阿道夫·路斯》，其中包括奥斯卡·柯克西卡（Oskar Kokoschka）所撰写的序言（维也纳和慕尼黑：安东·施罗尔出版社，1964年）（Vienna and Munich: Verlag Anton Schroll, 1964）。英文译本：《阿道夫·路斯：现代建筑的先驱》（*Adolf Loos: Pioneer of*

Modern Architecture），其中包括尼古拉斯·佩夫斯纳（Nikolaus Pevsner）所撰写的序言与奥斯卡·柯克西卡的致谢（伦敦：泰晤士与哈德森出版社，1966年）（London: Thames and Hudson, 1966）。

8

布卡特·卢克什齐奥与罗兰·沙切尔，《阿道夫·路斯：生活与工作》（萨尔茨堡和维也纳，1982年）（Salzburg and Vienna, 1982）。虽然本书在此并无法提供一个完整的参考文献列表，但我仍然应该提及具有里程碑意义的，由约翰内斯·斯帕特（Johannes Spalt）与弗雷德里希·库伦特（Friedrich Kurrent）在1970年路斯诞辰一百周年之际所编撰的《建筑论坛》（*Bauforum*）特刊，其中收录了许多未发表的文献和照片。特别是关于位于米歇尔广场（Michaelerplatz）的阿道夫·路斯自宅，埃尔曼·切尔赫（Hermann Czech）与沃尔夫冈·米斯特尔堡（Wolfgang Mistelbauer）编撰的《路斯自宅》（*Das Looshaus*）（维也纳：吕克尔与沃根斯坦因出版社，1976年）（Vienna: Löcker & Wögenstein, 1976）。更晚近的出版物包括：《体积规划对自由平面》（*Raumplan versus Plan Libre*），马克斯·里塞拉达（Max Risselada）编（代尔夫特：代尔夫特大学出版社，1988年）（Delft: Delft University Press, 1988）；《阿道夫·路斯的建筑：艺术协会展览》（*The Architecture of Adolf Loos: An Arts Council Exhibition*）（伦敦：英国艺术协会，1985年）（London: Arts Council of Great Britain, 1985）；以及《阿道夫·路斯》（维也纳：阿尔贝蒂娜博物馆馆藏图片，1989年）（Vienna: Graphische Sammlung Albertina, 1989）。

9

《阿道夫·路斯：生活与工作》，第7–9页。

10

虽然这栋房子通常被称为让那雷住宅（Maison Jeanneret），却完全是由洛蒂·拉夫出资修建的，此人后来与勒·柯布西耶的兄弟阿尔伯特·让那雷结婚。参见蒂姆·本顿（Tim Benton），《勒·柯布西耶的别墅设计1920—1930年》（*The Villas of Le Corbusier 1920—1930*）（纽黑文和伦敦：耶鲁大学出版社，1987年），第46页及其后，以及罗素·瓦尔登（Russell Walden）所著文章"勒·柯布西耶早年在巴黎的新亮点：拉罗什–让那雷住宅"（New Light on Le Corbusier's Early Years in Paris: The La Roche-Jeanneret Houses），载于《张开的手：关于勒·柯布西耶的论文》（*The Open Hand: Essays on Le Corbusier*），罗素·瓦尔登编（剑桥和伦敦：MIT出版社，1977年），第116–161页。

11

勒·柯布西耶给萨伏伊夫人的信，1931年6月28日（勒·柯布西耶基金会）。

12

法文原文："On entre: le *spectacle* architecturale s'offre de suite au *regard*; on suit un itinéraire et les *perspectives* se développent avec une grande variété; on joue avec l'afflux de la *lumière* éclairant les murs ou créant des *pénombres*. Les baies ouvrent des perspectives sur l'extérieur où l'on retrouve l'unité architecturale. A l'intérieur, les premiers essais de polychromie, basés sur les réactions spécifiques des couleurs, permettent le '*camouflage architectural*,' c'est-à-dire l'affirmation de certains volumes ou, au contraire, leur effacement. ... Voici, vivant à nouveau sous nos *yeux modernes*, des événements architecturaux de l'histoire: les pilotis, la fenêtre en longueur, le toit-jardin, la façade de verre." 勒·柯布西耶，《作品全集》，第1卷，第60页（着重部分由作者添加）。

13

法文原文："L'architecture arabe nous donne un enseignement précieux. Elle s'apprécie à *la marche*, avec le pied; c'est en marchant, en se déplaçant que l'on voit se développer les ordonnances de l'architecture. C'est un principe contraire à l'architecture baroque qui est conçue sur le papier, autour d'un point fixe théorique. Je préfère l'enseignement de l'architecture arabe. Dans cette maison-ci, il s'agit d'une véritable promenade architecturale, offrant des aspects constamment variés, inattendus, parfois étonnants." 勒·柯布西耶，《作品全集》，第2卷，第24页。

14

勒·柯布西耶对巴洛克建筑的参考可能是对西格弗里德·吉迪恩（Sigfried Giedion）的一种回应，后者将勒·柯布西耶的拉罗什住宅与巴洛克教堂进行了积极的比较："冷酷的混凝土墙体本身是有生命的，它被划分、切割，以实现全新的房间分隔，虽说这种方式是处于完全不同的语境，只有在一些巴洛克风格的小教堂中才会出现。"引自"新住宅"（1926年），转载于《透视法中的勒·柯布西耶》（*Le Corbusier in Perspective*），彼得·塞伦利（Peter Serenyi）编（恩格尔伍德克利夫斯，新泽西：普林帝斯霍尔出版社，1975年）（Englewood Cliffs, New Jersey: Prentice-Hall, 1975），第33页。

15

瓦尔特·本雅明（Walter Benjamin）所著文章"机械复制时代的艺术作品"（The Work of Art In The Age of Mechanical Reproduction），收录于《启迪》（*Illuminations*），汉娜·阿伦特（Hannah Arendt）编并撰写序言，哈利·佐恩（Harry Zohn）译（纽约：肖肯出版社，1969年）（New York: Schocken Books, 1969），第238页。

16

勒·柯布西耶，"二十世纪的建筑与二十世纪的生活"（Twentieth Century Building and Twentieth Century Living），《装饰艺术工作室年鉴》（*The Studio Year Book on Decorative Art*）（伦敦，1930年），转载于里塞拉达，《体积规划vs.自由平面》（*Raumplan versus Plan Libre*），第145页。

17

令人好奇的是，勒·柯布西耶的"光之墙"概念和它所暗示的空间概念在物质现实中更接近于密斯·凡·德·罗的建筑，而非他本人的建筑。勒·柯布西耶的水平长窗仍然是一个窗户，即使它预设了一片"去物质化"（非承重）的墙。另一方面，密斯会写道（并且他的建筑中没有任何东西可以进一步说明）："我在墙壁上切出开口，在我需要它们进行观看或照明的地方。"密斯·凡·德·罗，"建筑"（Building），载于《*G*》，第2期（1923年9月），第1页。英文版见弗里茨·纽迈尔（Fritz Neumeyer），《朴实之谈：密斯·凡·德·罗论建筑艺术》（*The Artless Word: Mies van der Rohe on the Building Art*），马克·贾逊贝克（Mark Jarzombek）译（剑桥和伦敦：MIT出版社，1991年），第243页。

18

布鲁诺·赖希林（Bruno Reichlin），"勒·柯布西耶与风格派"（Le Corbusier vs De Stijl），见《风格派与法国建筑》（*De Stijl et l'architecture en France*），伊夫·阿兰·布伊（Yve Alain Bois）与布鲁诺·赖希林编（布鲁塞尔：皮埃尔·马达加出版社，1985年）（Brussels: Pierre Mardaga, 1985），第98页。赖希林此处参考了斯蒂恩·埃勒·拉斯穆森（Steen Eiler Rasmussen）所著文章"勒·柯布西耶——未来的建筑艺术？"（Le Corbusier-die kommende Baukunst?），载于《华斯穆特建筑月刊》（*Wasmuths Monatshefte für Baukunst*），第10卷，第9期（1926年），第381页。

19

勒·柯布西耶，"二十世纪的建筑与二十世纪的生活"，第146页。

20

巴特继续说道："既然私人空间不仅是我们的商品（受到历史上财产法的影响），既然它也是绝对的、珍贵的、不可剥夺的场所，在这里我的形象是自由的（可以随意破坏）……我必须重新建立公共和私密之间的划分。"罗兰·巴特，《明室》（*La Chambre claire*）（巴黎：门槛出版社，1980年）（Paris: Editions du Seuil, 1980），英文版《明室》（*Camera Lucida*）（纽约：希尔与王出版社，1981年）（New York: Hill and Wang, 1981），第98页。此处的翻译略有不同。

21

弗雷德里希·尼采（Friedrich Nietzsche），"历史对生命的利与弊"（On the Uses and Disadvantages of History for Life）（1874年），载于《不合时宜的沉思》（*Untimely Meditations*），里贾纳德·约翰·霍林代尔（R. J. Hollingdale）译（剑桥：剑桥大学出版社，1983年），第84页。

22

当代词典将"在公共场所中"（in public）定义为"在公众视野或公众可接触的范围之中"（in public view or access）。《兰登书屋英文词典》（*Random House Dictionary of English Language*），完整版（纽约：兰登书屋，1966年）。

23

参见爱丽丝·雅格·卡普兰（Alice Yaeger Kaplan），"在档案馆工作"（Working in the Archives），《阅读档案：文本和机构》（*Reading the Archive: On Texts and*

Institutions），载于《耶鲁法国研究》（*Yale French Studies*）第77期（纽黑文：耶鲁大学出版社，1990年），第103页。

24
尼采，"历史的利与弊"（On the Uses and Disadvantages of History），第78–79页。此处翻译略有不同。

25
马克·威格利（Mark Wigley）的理论认为，住宅的观念与消化的观念紧密相关，或者说与消化不良的抑制有关。参阅其文章"死后的建筑：德里达的品味"（Postmortem Architecture：The Taste of Derrida），《观点》（*Perspecta*）第23期（1986年）。

26
阿道夫·路斯，"现代住宅区"（Die moderne Siedlung），见《阿道夫·路斯作品全集》（*Sämtliche Schriften: Adolf Loos*），第1卷（维也纳和慕尼黑：赫罗尔德出版社，1962年）（Vienna and Munich: Verlag Herold, 1962），第402页及其后。路斯在原文中使用了英文单词"gentleman"。

27
几乎所有旨在记录路斯生活与工作的学者都来自奥地利。参见注释1、7与8。

28
雅克·卢肯（Jacques Lucan），"警告"（Avertissement），《勒·柯布西耶，一部百科全书》，第4页。

29
本雅明写道："从历史上看，各种传播方式之间是相互竞争的关系。"也许正是出于这个原因，当我读到卢肯的这些句子时，并没有联想到一种百科全书式的空间，毕竟这是19世纪的形式，而是想到它的现代对应物——计算机化的信息。我能够想象一个可以囊括所有事物的系统，如同勒·柯布西耶所说的"真正的博物馆"，其中包含有关勒·柯布西耶的每一篇文章，无论是好是坏，无论是学术文章还是趣闻轶事（以及一个获取这些信息的系统，它更像一个超市，甚至一个购物中心，而不是图书馆）。当勒·柯布西耶热情地宣传此种档案管理的方式时，这种计算机式的空间似乎才是他所期待，所"羡慕"的。

30
乔纳森·克拉里（Jonathan Crary），《观察者的技巧：论19世纪的影像与现代性》（*Techniques of Observer: On Vision and Modernity in the Nineteenth Century*）（剑桥和伦敦：MIT出版社，1990年）。

31
雷纳·班纳姆（Reyner Banham），《一座混凝土的亚特兰蒂斯：美国工业建筑与欧洲现代建筑》（*A Concrete Atlantis: U. S. Industrial Building and European Modern Architecture*）（剑桥和伦敦：MIT出版社，1986年），第18页。

城市

1

罗伯特·穆齐尔，《没有个性的人》（纽约：卡普里考恩出版社，1965年）（New York: Capricorn Books, 1965），第12页。

2

沃尔夫冈·西维尔布希（Wolfgang Schivelbusch）在他的著作《铁路之旅》（*The Railway Journey*）（纽约：乌里森出版社，1979年）（New York: Urizen Books, 1979）中将19世纪的旅游观光比作一间展示风景与城市的百货商场。另有一部布拉德福德·佩克（Bradford Peck）的小说《世界百货商店》（*The World a Department Store*），由他本人于1900年出版，雷切尔·鲍尔比（Rachel Bowlby）在《只是看看：德莱赛、吉辛和左拉作品中的消费文化》（*Just looking: Consumer Culture in Dreiser, Gissing and Zola*）（纽约和伦敦：梅休因出版社，1985年）（New York and London: Methuen, 1985）一书中有所引用，第156–157页。

3

"同一屋檐下的一切"与"固定价格"是阿里斯蒂德·布西高（Aristide Boucicaut）为第一家百货商店——他本人于1852年在巴黎创办的乐蓬马歇（Bon Marché）百货商店——提出的宣传语。"同一屋檐下的一切"意味着对"场所"的漠视。在中世纪的城市里，街道是以在其中所发生的活动而命名的。"固定价格"是另一种形式的抽象化，事物的价值不再取决于变化无常的因素，如购买时商人的幽默感、客户的讨价还价能力，或一天中的时间。在现代城市中，被分散的感知与百货商店中的感知相似，即建筑物堆积的方式和它们所创造的令人眼花缭乱的状态。另一方面，百货商店在物品的摆放中创造了建筑。关于在大城市中的感知，参见，例如，奥辛芬（Ozenfant）与让纳雷（Jeanneret），"现代光学的形成"（Formation de l'optique modern），《新精神》（*L'Esprit nouveau*）第21期（1923年），其中写道："我们存在的外部环境的变化对我们的视觉基本属性没有产生深刻的影响，但是对我们视觉的功能强度、速度、穿透力、记录容量扩展以及对以前未知的场景（如图像频率、由于化学强烈色彩的发明而产生的新的颜色范围等）的容忍度产生了深刻的影响。与教育耳朵一样，眼睛的教育也是如此：一个农民到了巴黎，立刻会被迎面而来的噪声的多样性和强度所震撼；同时，他也被要求以他不擅长的速度记录他所看到的图像，这些图像似乎构成了混乱的画面。"关于身处百货商店中的感知，参见埃米尔·左拉（Emile Zola）所著《女士们的乐园》（*Au bonheur des dames*）（巴黎，1883年），其中女主人公丹妮丝（一个刚到城市的农民）在百货公司经历的迷失正是与在城市中的迷失相联系的："她觉得自己迷失了，在这个怪物一般的地方，在这台静止的机器里，她显得十分渺小。她颤抖着，生怕自己被卷入墙壁已经开始摇晃的运动中。一想到又黑又窄的老埃尔伯夫（Elbeuf），这座庞大的建筑就变得更大了，她觉得它沐浴在阳光下，*就像一座有纪念碑、广场和街道的城市*，她似乎永远也找不到路。"埃米尔·左拉，《女士们的乐园》（*The Ladies' Paradise*），克里斯汀·罗斯（Kristin Ross）作序（伯克利和洛杉矶：加利福尼亚大学出版社，1992年）。准确地说，左拉小说中百货商店的现实参照，是1852年建立的乐蓬马歇百货商店和1855年建立的卢浮宫。参见《女士们的乐园》中克里斯汀·罗斯的序言，她还指出"[百货商店]不合逻辑的布局增加了顾客的迷失感——迷失方向或眼花缭乱的顾客更容易冲动购物"（第viii页）。关于百货公司也可参见雷切尔·鲍尔比所著的《只是看看》，这是一部关于早期消费文化的发展及其性别和阶级影响的重要著作。关于美国的百货公司，参见M. 克里斯蒂娜·博耶（M. Christine Boyer），《曼哈顿礼仪：建筑与风格1850—1900》（*Manhattan Manners: Architecture and Style 1850—1900*）（纽约：里佐利出版社，1985年）（New York: Rizzoli, 1985）。

4

若利斯·卡尔·于斯曼（Joris Karl Huysmans），《逆流》（*A rebours*）（巴黎，1884年）。

5

穆齐尔，《没有个性的人》，第4页。

6

路德维希·维特根斯坦（Ludwig Wittgenstein），《逻辑哲学论》（*Tractatus Logico-Philosophicus*）（1921年），戴维·弗朗西斯·皮尔斯（D. F. Pears）与布莱恩·麦吉尼斯（B. F. McGuinness）译，伯特兰·罗素（Bertrand Russell）作序（伦敦和亨利：劳特利奇与凯根·保罗出版社，1974年）（London and Henley: Routledge & Kegan

Paul, 1974），命题4.115，第26页。

7
乔治·齐美尔（Georg Simmel），"论死亡的形而上学"（Zur Metaphisik des Todes）
（1910年）。曾被曼弗雷多·塔夫里（Manfredo Tafuri）在"历史计划"（The
Historical Project）中引用，见《异见》（*Oppositions*）1979年第17期，第60页。

8
莱纳·玛利亚·里尔克（R. M. Rilke），《马尔特·劳里茨·布里格手记》（*Die
Aufzeichnungen des Malte Laurids Brigge*），英译本书名为*The Notebook of Malte
Laurids Brigge*（纽约：诺顿出版社，1964年）（New York: Norton, 1964），第15页。
此处翻译略有不同。

9
西格蒙德·弗洛伊德（Sigmund Freud），"'文明的'性道德与现代神经病"（1908
年），见《西格蒙德·弗洛伊德心理学著作全集 标准版》（*The Standard Edition
of the Completed Psychological Works of Sigmund Freud*）（伦敦：霍加斯出版社，
1953—1974年）（London: Hogarth Press, 1953—1974），第9卷。

10
卡尔·克劳斯，"在这伟大的时代"（In dieser grossen Zeit）（1914年），英译本《在
这伟大的时代：一名卡尔·克劳斯的读者》（*In These Great Times: A Karl Kraus
Reader*），哈里·佐恩（Harry Zohn）编（曼彻斯特：卡卡内特出版社，1984年）
（Manchester: Carcanet, 1984），第77页。

11
"在想象力贫乏的领域，人们死于精神饥荒却不会感到精神上的饥饿，在笔蘸血、
剑蘸墨的领域，做着没有思想的事，有思想的却无法言说。"卡尔·克劳斯，《在这
伟大的时代》（*In These Great Times*），第71页。

12
胡戈·冯·霍夫曼斯塔尔，"查多斯勋爵的来信"，最初于1902年10月18日和19日
以标题"一封信"（Ein Brief）刊登在柏林报纸《一天》（*Der Tag*）上。后收录于
胡戈·冯·霍夫曼斯塔尔，《精选散文》（*Selected Prose*），玛丽·哈丁格（Mary
Hattinger）等译，赫尔曼·布洛赫（Herman Broch）作序（纽约：万神殿图书，
1952年）（New York: Pantheon Books, 1952），第140页。

13
阿道夫·路斯，"波将金城"（Potemkin City），《圣春》（1898年7月）；英译本《言
入空谷》，简·纽曼（Jane O. Newman）与约翰·亨利·史密斯（John H. Smith）译
（剑桥和伦敦：MIT出版社，1982年），第95页。

14
卡米洛·西特，《遵循艺术原则的城市设计》（*Der Städtebau nach seinen künstlerischen
Grundsätzen*）（维也纳，1889年）；英文版*City Planning According to the Artistic
Principles*，乔治·罗斯伯勒·柯林斯（George R. Collins）与克里斯汀·克拉斯曼·科
林斯（Christiane Crasemann Collins）著，《卡米洛·西特：现代城市规划的诞生》
（*Camillo Sitte: The Birth of Modern City Planning*）（纽约：里佐利出版社，1986年），第
311页。

15
穆齐尔，《没有个性的人》，第3页。此处翻译略有不同。

16
例如，费迪南·德·索绪尔（Ferdinand de Saussure）在《普通语言学教程》（*Cours
de linguistique générale*）（1916年；巴黎：帕约出版社，1972年）（1916; Paris: Payot,
1972）一书中，以一张纸做比喻："思想在前，声音在后，一个人不能去除前面而
不损及后面。同样在语言中，人们既不能从思想中去除声音，也不能从声音中去除
思想"（第157页）。

17
鲁道夫·辛德勒（Rudolph Schindler）是瓦格纳学院（Wagnerschule）和阿道夫·路
斯的学生，并于1914年移居美国，他曾写道："室内与室外之间的区别将会消失。墙
体将会很少，很薄甚至可移动……我们的房子将不再有前后门。"引自"保养身体"
（Care of the Body），载于《洛杉矶时报》（*Los Angeles Times*），1926年5月2日，再版
于奥古斯特·萨尼茨（August Sarnitz）著《建筑师鲁道夫·迈克尔·辛德勒：1887—

1953年》（*R. M. Schindler, Architect: 1887—1953*）（纽约：里佐利出版社，1988年），第46–47页。莫霍利·纳吉（Moholy-Nagy）在他的著作《新视野》（*The New Vision*）［纽约，1947年；初版发表在《从材料到建筑》（*Von Material zu Architektur*），慕尼黑，1928年］中写道："最高层次的新建筑将被要求消除自然与人工之间、开放与封闭之间、乡村与城市之间的冲突。"特奥·凡·杜斯伯格，"–□+ = R₄"，《风格派》（*De Stijl*）第6期，第6–7号（1924年），第91–92页提到："通过围墙［墙体］的打断，我们消除了室内与室外之间的二分"；凡·杜斯伯格，"为了一个有表现力的建筑：形式、计划、空间和时间、对称和重复、色彩、建筑作为新意象的综合体"（Tot een beeldende architectuur: de vorm, de plattegrond, ruimte en tijd, symmetrie en herhaling, de kleur, de architectuur als synthese der nieuwe beelding），见《风格派》，同上，第78–83页提到："新建筑赋予'前'和'后'，甚至'上'和'下'相同的价值。"阿道夫·路斯的学生与朋友——弗雷德里克·凯斯勒（Frederick Kiesler）——更进一步写道："让我们不再有墙……没有墙，没有地基。"引自"宣言—重要建筑—空间城市—功能建筑"（Manifest—Vitalbau—Raumstadt—Funktionelle-Architektur），《风格派》第6期，第10–11号（1924—1925年），第141–146页。

18

瓦尔特·本雅明，"卡尔·克劳斯"（Karl Kraus）（1931年），《反思》（*Reflections*），彼得·德梅茨（Peter Demetz）编并作序，埃德蒙·杰弗科特（Edmund Jephcott）译（纽约：肖肯书屋，1986年），第239页。

19

汉娜·阿伦特，《人的境况》（*The Human Condition*）（芝加哥：芝加哥大学出版社，1955年），第39页。

20

参见雅克·德里达（Jacques Derrida）在"外部与内部"（The Outside and the Inside）一文中对索绪尔的解读，见《论语法学》（*Of Grammatology*），佳亚特里·斯皮瓦克（Gayatri Spivak）译（巴尔的摩和伦敦：约翰·霍普金斯大学出版社，1976年），第30–44页。此外，可参见杰夫·本宁顿（Geoff Bennington）在"建筑中没有矛盾的复杂性"（Complexity without Contradiction in Architecture）一文中对德里达的解读，《建筑联盟学院档案》（*AA Files*）第15期（1987年夏季），第15–18页。

21

索绪尔，《普通语言学教程》，第51页。德里达在《论语法学》一书中有所引用，第35页；斜体部分为德里达添加。

22

索绪尔，《普通语言学教程》，第45页；补充斜体部分。同样奇怪的是，德里达如此仔细地阅读了索绪尔的这篇文章，却没有抓住其中最可能破坏其理论的一段话：内部与外部、写作与言说之间的最终划分。

23

阿道夫·路斯，"建筑"（Architektur）（1910年），见《阿道夫·路斯全集》（*Sämtliche Schriften, Adolf Loos*），第1卷（维也纳和慕尼黑：赫罗尔德出版社，1962年）（Vienna and Munich: Verlag Herold, 1962），第309页。本文的英文翻译所参考的是由蒂姆（Tim）与夏洛特·本顿（Charlotte Benton）以及丹尼斯·夏普（Dennis Sharp）编辑的文集《建筑与设计：1890—1933年，国际原创文章选集》（*Architecture and Design: 1890—1933, An International Anthology of Original Articles*）（纽约：惠特尼设计图书馆，1975年）（New York: Whitney Library of Design, 1975）。这是我在1982年《9H》的一篇文章中最初提出这一点时能找到的唯一翻译。从那时起，该期刊的编辑们在其展览图录《阿道夫·路斯的建筑：艺术协会展览》（*The Architecture of Adolf Loos: An Arts Council Exhibition*）（伦敦：英国艺术协会，1985年）（London: Arts Council of Great Britain, 1985）第104–109页的附录中收录了威尔弗里德·王对"建筑"这篇文章的完整翻译，以弥补遗漏的部分。除非另有说明，否则本章中使用的"建筑"（Architektur）英文翻译都来自我自己。

24

可以说，索绪尔和路斯的英译本中出现这种不寻常的删减也并非是无辜的，而是代表着一种表面上忠实、中立的翻译文化对现代媒介与空间之间关系的特殊思考，甚至是对它的恐惧。但是，索绪尔和路斯关于摄影和空间的思考中，到底有哪些因素导致了这种疏漏？关于私密性，或者只是思考私密性的问题，有什么是无法被揭示的呢？

25

卡米洛·西特，《遵循艺术原则的城市设计》（*City Planning According to Artistic Principles*），第311页；斜体部分为补充。

26

阿道夫·路斯，"乡土艺术"（Heimatkunst）（1914年），《阿道夫·路斯全集》，第1卷，第339页。

27

弗里德里希·尼采（Friedrich Nietzsche），"历史对生命的利与弊"（On the Uses and Disadvantages of History for Life）（1874年），见《不合时宜的沉思》（*Untimely Meditations*），里贾纳德·约翰·霍林代尔（R. J. Hollingdale）译（剑桥：剑桥大学出版社，1983年），第78页。此处翻译略有不同。

28

穆齐尔对这种分裂进行了性别化的表述，他写道："然而，迪奥蒂玛在意识到这一点的同时，在自己身上发现了现代人众所周知的苦恼，这种苦恼被称为文明。这是一种令人沮丧的状态，充斥着肥皂、无线电波、傲慢的数学和化学符号语言、经济学、实验研究以及人类无法生活在简单而崇高的社区中的无能症……因此，文明对她来说意味着一切她无法应对的事物。因此，对她来说，文明长时间以来也一直首先意味着她的丈夫。"《没有个性的人》，第117页。

29

路斯，"建筑"（1910年）。参见威尔弗里德·王在《阿道夫·路斯的建筑》（*The Architecture of Adolf Loos*）一书中的翻译，第108页。

30

乔治·齐美尔，"时尚"，《国际季刊》（*International Quarterly*），纽约（1904年10月），第130页。

31

阿道夫·路斯，"装饰与罪恶"（Ornament und Verbrechen）（1908年）；英文翻译为"Ornament and Crime"，见《阿道夫·路斯的建筑》，第103页。斜体部分为补充。

32

阿道夫·路斯，"多余之物"（Die Überflüssigen）（1908年），《阿道夫·路斯全集》，第1卷，第269页。

33

正是乔治·齐美尔在他的"大都市与精神生活"（Die Grosstadt und das Geistesleben）（1903年）一文的开头指出，现代人最深刻的冲突（而且，我们可以补充说，由于同样的原因，是他所有文化生产的来源）不再是与自然的古老斗争（当城市和自然之间的界限不再存在时，这可能只是一个隐喻），而是个人必须为确认其存在的独立性和特殊性而与社会的巨大力量作斗争，"抵制被社会技术机制夷平、吞噬"［英译名为"The Metropolis and Mental Life"，见《乔治·齐美尔：关于个性与社会形态》（*Georg Simmel: On Individuality and Social Forms*），唐纳德·内森·莱文（Donald N. Levine）编并作序（芝加哥与伦敦：芝加哥大学出版社，1971年），第324页］。

34

参见于贝尔·达米施，"另一个'我'或对虚空的渴望：为阿道夫·路斯的墓碑而设"（L'Autre 'Ich' ou le désir du vide: pour un tombeau d'Adolf Loos），《评论》（*Critique*）第31期，第339–340号（1975年8月至9月），第811。

35

卡尔·克劳斯，《谚语与矛盾》（*Sprüche und Widersprüche*）（慕尼黑：阿尔伯特·兰根出版社，1909年）（Munich: Albert Langen, 1909），第83页。

36

正如珍妮特·沃尔夫（Janet Wolff）所指出的，关于现代性的文学作品描述了男性的体验："波德莱尔、齐美尔、本雅明以及更晚近一些的理查德·森内特（Richard Sennett）和马歇尔·伯曼（Marshall Berman）等颇具影响力的著作，由于将现代的与公众的等同起来，从而未能描述女性对现代性的体验。""看不见的闲逛者：女性与现代性文学"（The Invisible Flâneuse: Women and the Literature of Modernity），《理论、文化与社会》（*Theory, Culture and Society*）第2期，第3号（1985年），第37–48页。另见苏珊·巴克·莫斯（Susan Buck-Morss），"闲逛者、三明治人和妓女：游荡的政治学"（The *Flâneur*, the Sandwichman, and the Whore: The Politics of Loitering），《新德国评论》（*New German Critique*）第39期（1986年秋季），第99–

140页，她在其中讨论到现代性中最重要的女性形象是妓女。近年来，许多作家从不同领域对现代性进行了阐释，他们不仅关注女性的私人经验，而且也关注公共与私人之间的划分所涉及的性别建构。例如参见格里塞尔达·波洛克（Griselda Pollock），"现代性与女性空间"（Modernity and the Spaces of Femininity），见《视觉与差异》（*Vision and Difference*）（伦敦与纽约：劳特里奇出版社，1988年）（London and New York: Routledge, Chapman & Hall, 1988），第50–90页；朱迪思·梅恩（Judith Mayne），《私人小说，公共电影》（*Private Novels, Public Films*）（雅典和伦敦：乔治亚大学出版社，1988年）；朱莉亚娜·布鲁诺（Giuliana Bruno），"围绕柏拉图洞穴的街头漫步"（Streetwalking around Plato's Cave），《十月》（*October*）第60期（1992年春），第111–129页。还应该指出的是，在建筑学中，最近的一些研究促成了关于现代性的一种不同观点，即更加注重家庭空间的转变，而不是公共空间。这些观点当中，应该提到泰克塞泰克索·萨瓦特尔（Txatxo Sabater）基于塞尔达拓宽计划（*Ensanche* of Cerda）（一个传统上纯粹从城市学角度解读的计划）有关巴塞罗那的室内改造的论文："第一扩张时代：室内建筑"（Primera edad del Ensanche：Arquitectura domestica）（巴塞罗那，1989年）；乔治·特索（Georges Teyssot），《住所之病》（*The Disease of the Domicile*）（MIT出版社即将出版）；以及最重要的是罗宾·埃文斯（Robin Evans）关于这一主题的有影响力的文章，包括被频繁引用的"人物、门与通道"（Figures, Doors and Passages），《建筑设计》（*Architectural Design*）第4期（1978年），第267–278页。

37

阿道夫·路斯，"装饰与教育"（Ornament und Erziehung）（1924年），见《阿道夫·路斯全集》，第1卷，第395–396页。

38

路斯，"装饰与罪恶"（Ornament and Crime），《阿道夫·路斯的建筑》（*The Architecture of Adolf Loos*），第100页。

39

我很感谢托德·帕尔默（Todd Palmer）在普林斯顿大学的研讨会演讲中提出这个问题。

40

阿道夫·路斯，"内衣"（Underclothes），《新自由报》（*Neue Freie Presse*）（1898年9月25日），译文见《言入空谷》，第75页。另见"皮革制品与金银匠行业"（The Leather Goods and Gold-and Silversmith Trades），《新自由报》（*Neue Freie Presse*）（1898年5月15日），译文见《言入空谷》，第7–9页。

41

根据伯克哈特·鲁奇希奥（Burkhardt Rukschcio）的说法，路斯与分离派的决裂发生在1902年，当时约瑟夫·霍夫曼（Josef Hoffmann）阻止他为"圣春房间"（Ver Sacrum-Zimmer）设计室内。参见伯克哈特·鲁奇希奥（B. Rukschcio），"阿道夫·路斯解析：关于阿尔贝蒂娜博物馆馆藏图片中路斯档案的研究"（Adolf Loos Analyzed: A Study of the Loos Archive in the Albertina Graphic Collection），《莲花国际》（*Lotus International*）第29期（1981年），第100页，第5点。

42

理查德·诺伊特拉（Richard Neutra），路德维希·芒兹（L. Münz）与古斯塔夫·昆斯特勒（G. Künstler）对《阿道夫·路斯：现代建筑的先驱》（*Adolf Loos: Pioneer of Modern Architecture*）的评论，《建筑论坛》（*Architecture Forum*）第125期，第1号（1966年7月至8月），第89页。

43

阿道夫·路斯，"第一版前言"（Foreword to the First Edition），见《言入空谷》，第130页。

44

彼得·贝伦斯（Peter Behrens），"约瑟夫·霍夫曼的作品"（The Work of Josef Hoffmann），《美国建筑师协会杂志》（*Journal of The American Institute of Architects*）（1924年10月），第426页。

45

例如参见阿道夫·路斯，"圆顶大厅的室内"（Die Interieurs in der Rotunde）（1898年）。英文版本*Interiors in the Rotonda*，见《言入空谷》，第22–27页。

46

贝伦斯，"约瑟夫·霍夫曼的作品"，第421页。

47

克劳斯，"在这伟大的时代"，第70页。

48

我这里所说的创造惯例，是指它们并不像语言符号或传统建筑符号那样被社会所接受。从这个意义上讲，贝伦斯认为有必要对霍夫曼的"不同"做出解释是不言而喻的（见下段）。在维也纳，不需要如此解释，但像在盎格鲁–撒克逊这样一个还没有失去路斯所谓"常识"的社会，就需要一定的解释。

49

贝伦斯，"约瑟夫·霍夫曼的作品"，第421页。

50

穆齐尔，《没有个性的人》，第16–17页。

51

阿尔多·罗西（Aldo Rossi）将路斯一生中作为建筑师所遭受的排斥归咎于他有"激怒人的能力"："毫无疑问，弗洛伊德的同时代人都很清楚'每个玩笑都是一次谋杀'。"阿尔多·罗西，《言入空谷》的序言，斯蒂芬·萨塔雷利（Stephen Sartarelli）译，第viii页。

52

关于约瑟夫·霍夫曼的职业生涯，参见爱德华·弗朗茨·塞克勒（Eduard F. Sekler），《约瑟夫·霍夫曼：建筑作品》（*Josef Hoffmann: The Architectural Work*）（普林斯顿：普林斯顿大学出版社，1985年）。

53

维托利亚·吉拉迪（Vittoria Girardi），"约瑟夫·霍夫曼：被遗忘的大师"（Josef Hoffmann maestro dimenticato），《建筑，纪事与历史》（*L'architettura, cronache e storia*）第2期，第12号（1956年10月）。

54

然而，在这个过程中，一些使路斯吸引先锋派的特质已经丧失了：他的破坏性角色，他对美术、工艺等一切可以被认为是已经确立而非真正的权威的事物的不懈嘲弄。今天路斯之所以引起人们的兴趣，不仅在于他的论战态度，还在于其介于神秘主义和透明性之间的品质，这也是他的信息的丰富性引发人们思考的原因。如果说阿尔多·罗西、肯尼斯·弗兰普敦、何塞·奎特格拉斯（Jose Quetglas）和马西莫·卡奇亚里（Massimo Cacciari）在撰写有关路斯的文章时有什么共同点，那就是路斯对维特根斯坦所说的："你就是我。"

55

当我最初在《9H》（1982年）的一篇文章中提到这一点时，霍夫曼正被后现代主义者从历史中"重新挖掘"。这不过是一场短暂的流行，但人们对路斯的兴趣仍在继续。

56

阿道夫·路斯，"建筑"（Architektur）（1910年）。此处我按照威尔弗里德·王后来在《阿道夫·路斯的建筑》一书中第106页的英文翻译。

57

"十年前，在咖啡馆博物馆的同时期，约瑟夫·霍夫曼代表维也纳的德意志制造联盟，为霍夫（Hof）的阿波罗蜡烛厂零售店设计了室内。这个项目被称赞为时代的表达，然而今天不会再有人这么认为。经过十年，我们才知道这是一个错误，再过十年我们会清楚地认识到，现今这种倾向的作品与我们时代的风格是多么格格不入。"阿道夫·路斯，"文化的堕落"（Kulturentartung）（1908年），见《阿道夫·路斯全集》，第1卷，第271页。《阿道夫·路斯的建筑》第99页有这篇文章的英文版本（此处翻译略有不同）。

58

在这个意义上，约翰·拉斯金（John Ruskin）早期的评论很有趣，他认为购买一张建筑的照片"几乎等同于获得建筑本身；每块碎片、石头和瑕疵都反映在上面，当然，比例上也符合。"来源于1845年10月7日在威尼斯给他父亲写的一封信，见《约翰·拉斯金的作品》（*Works of John Ruskin*）（伦敦：乔治·艾伦出版社；纽约：朗文，格林联合出版社，1903年）（London: George Allen; New York: Longmans, Green, and

Co., 1903），第3卷，第210页，注释2。

59

阿道夫·路斯，"从节俭开始"（Von der Sparsamkeit），由博胡斯拉夫·马尔卡劳斯（Bohuslav Markalous）根据与路斯的多次对话编写，见《住宅文化》（Wohnungskultur）第2/3期（1924年）。英文版"Regarding Economy"，弗朗西斯·R.琼斯（Francis R. Jones）译，见《体积规划对自由平面：阿道夫·路斯与勒·柯布西耶，1919—1930年》（Raumplan versus Plan Libre: Adolf Loos and Le Corbusier, 1919—1930），马克斯·里塞拉达（Max Risselada）编（代尔夫特：代尔夫特大学出版社，1988年），第139页。

60

马歇尔·麦克卢汉（Marshall McLuhan），《理解媒介：论人的延伸》（Understanding Media: The Extensions of Man）（纽约：麦格劳·希尔出版社，1965年），第4页。

61

阿道夫·路斯，《言入空谷》（Ins Leere gesprochen）前言（维也纳，1921年）。英文版《言入空谷》，第3页。

62

瓦尔特·本雅明，"论波德莱尔的几个主题"（Some Motifs in Baudelaire），《启迪》，汉娜·阿伦特（Hannah Arendt）编并作序，哈利·佐恩（Harry Zohn）译（纽约：肖肯书屋，1969年），第159页。

63

麦克卢汉曾指出，这种循环推想是口语社会的特征（《理解媒介》，第26页）。

64

苏珊·桑塔格（Susan Sontag），"在柏拉图的洞穴中"（In Plato's Cave），见《论摄影》（On Photography）（纽约：法勒、斯特劳斯与吉鲁出版社，1977年）（New York: Farras, Straus and Giroux, 1977），第4页。

65

"我们看待事物的方式和观念现在一定要发生些变化！甚至空间和时间的基本观念也已经开始动摇。空间被铁路抹去，留给我们的只有时间。现在你可以花4个半小时前往奥尔良，而去鲁昂也不用花太多时间。想象一下，当通往比利时和德国的线路完工并与他们的铁路相连时会发生什么！我感觉好像世界各国的山川森林都在向巴黎逼近。即使是现在，我也能闻到德国椴树林的味道。"海因里希·海涅（Heinrich Heine），《卢泰西亚》（Lutetia），被西维尔布希（Schivelbusch）在《铁路之旅》中引用。

66

路斯，"建筑"（1910年）。参考威尔弗里德·王在《阿道夫·路斯的建筑》一书中的翻译，第106页。

67

罗兰·沙赫尔（Roland Schachel），对阿道夫·路斯的《装饰与罪恶及其他文章》（Ornamento y Delito, y otros escritos）的注释（巴塞罗那：古斯塔沃吉利出版社，1972年）（Barcelona: Gustavo Gili, 1972），第241页。

68

由于对拍摄场地的漠视，摄影摧毁了事物本身（事物失去了其本身的光晕）。在阿兰·雷奈（Alain Resnais）的电影《去年在马伦巴》（Last Year in Marienbad）中，X向一个女人展示了他在去年的某天下午在公园里为她拍摄的一张照片，但对她而言，这证明不了任何事情。她说："任何人都可以随时随地拍一张。"他回答："一个花园，任何一个花园。我本想向你展示白色蕾丝的蔓延，白色蕾丝的海洋铺展在你的身上。但所有的身体看起来都很相似，所有的白色蕾丝、所有的酒店、所有的雕像、所有花园也都一样［停顿］。但对我来说，这个花园看起来与其他花园不同。每天我都会在这里见到你。"只有那些无法复制的东西——既不是人物也不是花园，而是花园对于某个人来说所代表的一种体验——仍然是值得的。

69

卡米洛·西特，《遵循艺术原则的城市设计》（City Planning According to the Artistic Principles），第311页。

70

瓦尔特·本雅明，"摄影小史"（A Small History of Photography），《单向街及其他文

章》（*One Way Street and Other Writings*），埃德蒙·杰夫科特（Edmund Jephcott）与金斯利·肖特（Kingsley Shorter）译（伦敦：维索图书，1979年）（London: NLB, 1979）。

71

"在飞机上我们并没有真正在旅行，只是略过了时间和空间。我曾经从纽约到伯克利去做演讲。早上我离开纽约，第二天早上到达伯克利。我做了之前曾经做过的演讲，见到了认识的人。对于那些曾经听过的问题，我给出了和以前一样的回答。然后我回家了。我并没有真正旅行过。"伊斯雷尔·申克（Israel Shenker），"作为旅行者"（As Traveller），《纽约时报》（*New York Times*），1983年4月。

72

西格弗里德·吉迪恩（Sigfried Giedion），《空间·时间·建筑》（*Space, Time and Architecture*）（剑桥：哈佛大学出版社，1941年），第321页。

73

关于霍夫曼建筑的非构造特征，参见爱德华·塞克勒（Eduard Sekler），"约瑟夫·霍夫曼的斯托克雷特宫"（The Stoclet House by Josef Hoffmann），《向鲁道夫·维特科夫尔提交的建筑史论文集》（*Essays in the History of Architecture Presented to Rudolph Wittkower*）（伦敦，1967年）。

74

彼得·贝伦斯，"约瑟夫·霍夫曼的作品"，第422页。

75

这种空间接近日本Tateokoshi所代表的空间："在日本建筑学中有一种被称为Tateokoshi的平面设计方法。用这种方法，空间中所有的面都需要像楼层平面一样被分析。按照这种理论，设计师会在头脑中将图纸中的墙壁放置在完成后房间中的位置，并以这种方式想象空间。在日本人的思想中，空间是由严格的二维面组成的。深度由二维面的组合而创造。时间尺度（流动）控制这些面之间的空间。使用这个词来表达时间和空间的基本原因似乎是日本人将空间理解为由各个面与时间的相互作用所形成的一个要素。"矶崎新（Arata lsozaki），《间：日本的时空》（*MA: Space-Time in Japan*）（纽约：库珀·休伊特国立设计博物馆，1979年）（New York: Cooper Hewitt Museum, 1979）。

76

参见斯坦福·安德森（Stanford Anderson），"彼得·贝伦斯与德国新建筑：1900—1917年"（Peter Behrens and the New Architecture of Germany: 1900-1917），博士学位论文，哥伦比亚大学，部分发表于《异见》（*Oppositions*），第11、21与23期。特别参见"现代建筑与工业：彼得·贝伦斯与历史决定论的文化政策"（Modern Architecture and Industry: Peter Behrens and the Cultural Policy of Historical Determinism），《异见》，第11期（1977年），第56页。

77

贝伦斯认为，"快速列车将我们运送得如此之快，以至于城市的有效形象被简化为剪影。同样，快速通行排除了对建筑细节的任何考虑。"安德森，《异见》，第23期（1981年），第76页。另见彼得·贝伦斯，"时空开发对现代形式发展的影响"（Einfluss von Zeit-und Raumausnutzung auf moderne Formentwicklung），《德意志制造联盟年鉴》（*Deutscher Werkbund, Jahrbuch*）（1914年），第7-10页。另见"建筑艺术作品与技术之间的联系"（Über den Zusammenhang des baukünstlerischen Schaffens mit der Technik），柏林，《1913年美学与整体艺术史大会报告》（*Kongress für Aesthetik und Allgemeine Kunstwissenschaft 1913, Bericht*)（斯图加特，1914年），第251–265页。

78

路斯，"关于经济"（Regarding Economy），《体积规划对自由平面》（*Raumplan versus Plan Libre*），第139页。

79

同上，第139–140页；斜体部分为补充。

80

路斯，"建筑"（1910年），第308页；参照威尔弗里德·王在《阿道夫·路斯的建筑》一书中的翻译，第106页。

81

路斯，"装饰与教育"（1924年），第392页。

82

索绪尔，《普通语言学教程》，第23页。

83

阿道夫·路斯，"服装的原则"（Das Prinzip der Bekleidung）（1898年），见《阿道夫·路斯全集》，第一卷，第106页。英文版见《言入空谷》，第66页；此处翻译略有不同。

84

雅各布·格林（Jacob Grimm），从前言到他的德语词典，正如路斯在《言入空谷》（Spoken into the Void，第2页）的前言部分所引用。

85

路斯，"建筑"（1910年），第303页。参照威尔弗里德·王在《阿道夫·路斯的建筑》一书中的翻译，第104页。

86

卡尔·克劳斯，"在夜晚"（Nachts）（1918年），见《1912年12月10日阿道夫·路斯60周年诞辰纪念》（Adolf Loos, Festschrift zum 60 Geburtstag am 10.12.1930）（维也纳，1930年），第27页。

87

马西莫·卡奇亚里（Massimo Cacciari），"路斯—维也纳"（Loos-Wien），见《宇宙，从路斯到维特根斯坦》（Oikos, da Loos a Wittgenstein）（罗马，1975年），第16页。

88

路斯，"装饰与教育"（1924年），第395页。

89

阿道夫·路斯，"玻璃与黏土"（Glas und Ton），《新自由报》（Neue Freie Presse）（1898年6月26日）；英文版"玻璃与黏土"（Glass and Clay），见《言入空谷》，第37页。

90

本雅明，"论波德莱尔的几个主题"（On Some Motifs in Baudelaire），《启迪》，第160、156页。

91

对柏格森（Bergson）来说，记忆的结构对经验起决定性作用："经验的确是一个传统问题，在集体存在和私人生活中都是如此……然而，柏格森根本不打算给记忆贴上任何具体的历史标签。相反，他拒绝任何对于记忆的历史决定。因此，首先他要设法远离那些由他自己的哲学发展而来的经验，或者更确切地说，是对它产生的反应。那曾是一个非宜居的、盲目的大规模工业化的时代。在将这种经验拒之门外时，眼睛会自发地以其余像的形式感知到一种互补性的体验。"普鲁斯特（Proust）区分了自发记忆（mémoire volontaire）和非自发记忆（mémoire involontaire）："只有那些没有被明确地和有意识地经历过的，没有作为一种体验发生在主体身上的，才会成为非自发记忆的一部分。"弗洛伊德（Freud）就记忆与意识之间的关系提出了相同的问题："意识产生于记忆痕迹的地方。"换句话说，弗洛伊德认为"变得有意识和留下记忆痕迹是彼此不相容的过程。"在这些概念中，"意识是免于刺激的保护机制"，免于"震惊"。引自瓦尔特·本雅明，"论波德莱尔的几个主题"（On Some Motifs in Baudelaire），《启迪》，第157–161页。

92

路斯，"建筑"（1910年），第317页。参见威尔弗里德·王在《阿道夫·路斯的建筑》一书中的翻译，第108页。

93

路斯，"文化堕落"（Kulturentartung），《阿道夫·路斯全集》，第1卷，第267页。英文版"文化堕落"（Cultural Degeneration）见《阿道夫·路斯的建筑》，第98页；此处翻译略有不同。

94

瓦尔特·本雅明，"机械复制时代的艺术作品"，《启迪》，第246页，注释8。

95

同上，第225页。

96

苏珊·桑塔格（Susan Sontag），《论摄影》（*On Photography*）（纽约：法勒、斯特劳斯与吉鲁出版社，1973年）（New York: Farrar, Straus and Giroux, 1973），第72页；本雅明，"机械复制时代的艺术作品"，第223页。我现在无法找到阿尔甘（Argan）这句话的来源。

97

马西娅·E. 韦特罗克（Marcia E. Vetrocq），"反思约瑟夫·霍夫曼"（Rethinking Josef Hoffmann），《美国艺术》（*Art in America*）（1983年4月）。韦特罗克在此称赞"霍夫曼大小尺度设计之间的连续性"。

98

很明显的是，与本雅明的表述相似，路斯也将建筑与已经消失的艺术形式进行比较，特别是与悲剧相比："可以说，5000年前能够让人产生愉悦的东西放到今天已无法奏效。在另一个时代能让我们热泪盈眶的悲剧，今天只能让我们感到有趣；而另一个时代的笑话却很难让我们为之所动……悲剧不被再现，笑话被遗忘。而建筑则矗立在后人面前"，等等。阿道夫·路斯，"建筑艺术的新旧方向"（Die alte und die neue Richtung in der Baukunst），《建筑师》（*Der Architekt*），维也纳（1898年）。

99

本雅明，"机械复制时代的艺术作品"，《启迪》，第239–240页。

100

本雅明，"摄影小史"，见《单向街》（*One Way Street*），第253页；此处翻译略有不同。

101

瓦尔特·本雅明，"体验与贫困"（Erfahrung und Armut）（1933年），见《著作集》（*Gesammelte Schriften*）（法兰克福：苏尔坎普出版社，1972—1988年）（Frankfurt am Main: Suhrkamp, 1972-1988）。还应该指出的是，在这篇非同寻常的文章中，本雅明将路斯与勒·柯布西耶等同起来，同时谈到了玻璃和钢铁的新空间，这些空间很难留下痕迹："玻璃房子，可以移动和转移，例如同时期路斯和勒·柯布西耶建成的那些房子。"可移动且可转移的玻璃房，路斯建的（更别说勒·柯布西耶）？本雅明的评论证实了人们的猜测，路斯的房子，在20世纪30年代，只知晓于传闻之中。本雅明在这里提到的路斯的文章可能是"陶瓷"（Keramika）（1904年）。

102

本雅明，"机械复制时代的艺术作品"，《启迪》，第250页，注释19。

103

爱德华多·卡达瓦（Eduardo Cadava），"光之语：历史摄影论纲"（Words of Light: Theses on the Photography of History），《变音符》（*Diacritics*）（1992年秋冬刊），第108–109页。有关"经验"（experience）一词的词源分析，参见罗杰·米尼耶（Roger Munier）对"经验"一词研究的回应；见《布局》（*Mise en page*），第1期（1972年5月），第37页，由卡达瓦（Cadava）引用。

104

本雅明，"体验与贫困"。

105

本雅明，"机械复制时代的艺术作品"，《启迪》，第251页，注释21。

106

卡尔·克劳斯，"在这伟大的时代"，见《在这伟大的时代》，第73页。

摄影

1

参见玛丽–奥迪尔·布里奥特（Marie-Odile Briot）所著文章"新精神；他对科学的看法"（L'Esprit nouveau; son regard sur les sciences），《莱热与现代精神》（*Léger et l'esprit moderne*），展览图册（巴黎：巴黎市立现代美术馆，1982年）（Paris: Musee d'Art moderne de la ville de Paris, 1982），第38页。

2

我所借用的概念"阴影线"（*linea d'ombra*），来自弗朗哥·雷拉（Franco Rella）提及的与约瑟夫·康拉德（Joseph Conrad）的小说《阴影线》（*The Shadow Line*）的文学类比，原文见"思想的形象"（Immagini e figure del pensiero），《评论》（*Rassegna*）第9期（1982年），第78页。

3

参见瓦尔特·本雅明所著文章"摄影简史"（Short History of Photography），菲尔·帕顿（Phil Patton）译，艺术论坛（*Artforum*）（1977年二月刊），第47页。

4

参见西格蒙德·弗洛伊德（Sigmund Freud）所著文章"神经症通论"（General Theory of the Neuroses），《西格蒙德·弗洛伊德心理学全集标准版》（*The Standard Edition of the Complete Psychological Works of Sigmund Freud*），由詹姆斯·斯特雷奇（James Strachey）编与译（伦敦：霍加斯出版社，1953—1974年）（London: Hogarth Press, 1953—1974），第16卷，第295页。

5

乔纳森·克拉里（Jonathan Crary），《观察者的技巧：论19世纪的视觉与现代性》（*Techniques of the Observer: On Vision and Modernity in the Nineteenth Century*）（剑桥：MIT出版社，1990年），第24–39页。

6

朱利亚诺·格雷斯莱里（Giuliano Gresleri），《勒·柯布西耶，东方之旅 摄影师兼作家查尔斯–爱德华·让纳雷特的未发表作品》（*Le Corbusier, Viaggio in Oriente. Gli inediti di Charles-Edouard Jeanneret fotógrafo e scrittore*）（威尼斯：马西里奥出版社；巴黎：勒·柯布西耶基金会，1984年）（Venice: Marsilio Editore; Paris: Fondation Le Corbusier, 1984）。

7

让·德·迈森瑟（Jean de Maisonseul）致萨米尔·拉菲（Samir Rafi）的信，1968年1月5日。引自斯坦尼斯劳斯·冯·莫斯（Stanislaus von Moos）所著文章"画家勒·柯布西耶"（Le Corbusier as Painter），《异见》（*Oppositions*）第19–20期（1980年），第89页。根据冯·莫斯的说法，后来担任阿尔及尔国家美术博物馆馆长的让·德·迈森瑟，被邀请陪同勒·柯布西耶去卡斯巴时，正在为规划师皮埃尔·A.埃默里（Pierre A. Emery）工作。

8

例如，参见马勒克·阿鲁拉（Malek Alloula），《殖民地禁地》（*The Colonial Harem*）（明尼阿波利斯：明尼苏达大学出版社，1986年），关于1900—1930年流传的阿尔及利亚妇女的法国明信片。也可参见相关评论，以及米克·巴（Mieke Bal）相关书籍中的一文"引证政治学"（The Politics of Citation），《辩证批评》（*Diacritics*）第21卷，第1期（1991年春），第25–45页。

9

参见冯·莫斯所著文章"画家勒·柯布西耶"，第89页。另见萨米尔·拉菲所著文章"勒·柯布西耶与阿尔及尔的妇女"（Le Corbusier et les femmes d'Alger），《马格里布历史与文明评论》（*Revue d'histoire et de civilisation du Maghreb*），阿尔及尔（1968年1月）。

10

参见冯·莫斯所著文章"画家勒·柯布西耶"，第95页。

11

法语译文："每个人都合法地梦想着庇护所和确保自己家宅的安全。由于这在目前的情况下是不可能的，这个梦想被认为是不可实现的，引起了真正的情感上的歇斯底里；建造房子就像立遗嘱……当我建造房子时……我会把我的雕像放在前庭，而我的小狗凯蒂（Ketty）将拥有她的客厅。什么时候我会需要我的画布等之类的东

西。精神病学家的主题。" 勒·柯布西耶,《走向新建筑》(*Vers une architecture*)(巴黎:克雷斯出版社,1923年)(Paris: Editions Cres, 1923),第196页。英文版中省略了文中斜体的段落。

12

"这是一种掠夺。一个建筑师同事,一个她崇拜的人,未经她的同意就玷污了她的设计。"彼得·亚当(Peter Adam),《艾琳·格雷:建筑师/设计师》(*Eileen Gray: Architect/Designer*)(纽约:哈利·N. 艾布拉姆斯出版社,1987年)(New York: Hairy N. Abrams, 1987),第311页。

13

同上,第334–335页。正如亚当所指出的,《今日建筑》(*L'Architecture d'aujourd'hui*)上刊登的壁画照片的标题中无一提到艾琳·格雷。在后来的出版物中,这栋房子要么被简单地描述为"巴达维奇之家"(Maison Badovici),要么直接署名为勒·柯布西耶。在《时尚屋》(*Casa Vogue*)(第119期,1981年)中,该住宅被描述为"由艾琳·格雷和勒·柯布西耶署名",格雷的沙发变成了"勒·柯布西耶的独特作品"(pezzo unico di Le Corbusier)。20世纪20年代以来,建筑学领域对格雷的首次承认来自约瑟夫·里克沃特(Joseph Rykwert),参见文章"艾琳·格雷:设计的先驱"(Eileen Gray: Pioneer of Design),《建筑评论》(*Architectural Review*)(1972年12月),第357–361页。但直到今天,艾琳·格雷的名字在大多数现代建筑史中都没有出现,包括最晚近的,可能也是最关键的那些著作。

14

勒·柯布西耶,《创作是持久的探索》(*Creation is a Patient Search*)(纽约:弗雷德里克·普拉格出版社,1960年),第203页;这本书是*L'Atelier de la recherche patiente*(巴黎:文森特与弗雷尔出版社,1960年)(Paris: Vincent & Freal, 1960)一书的英译本。

15

同上,第37页。

16

参见泽伊内普·切利克(Zeynep Celik)所著文章"勒·柯布西耶,东方主义,殖民主义"(Le Corbusier, Orientalism, Colonialism),《集合》(*Assemblage*)第17期(1992年),第61页。

17

维克托·伯金(Victor Burgin),《艺术理论的终结:批判与后现代性》(*The End of Art Theory: Criticism and Postmodernity*)(新泽西州大西洋高地:国际人文出版社,1986年)(Atlantic Highlands, N. J.: Humanities Press International, 1986),第44页。

18

同上,第19页。

19

格雷斯莱里,《勒·柯布西耶,东方之旅》,第141页。

20

勒·柯布西耶,《今日的装饰艺术》(巴黎:克雷斯出版社,1925年)(Paris: Editions Cres, 1925),第9–11页。相应的草图见勒·柯布西耶基金会A3(6)。

21

参见罗兰·巴特(Roland Barthes)所著文章"图像的修辞"(The Rhetoric of the Image),收录于《图像—音乐—文本》(*Image-Music-Text*),斯蒂芬·希思(Stephen Heath)译(纽约:希尔与王出版社,1977年),第38–39页;原文见"图像的修辞"(Rhétorique de l'image),《交流》(*Communications*)第1期(1961年)。

22

参见罗兰·巴特所著文章"摄影信息"(The Photographic Message),收录于《图像—音乐—文本》,第19页;原文见"摄影信息"(Le Message photographique),《交流》第1期(1961年)。

23

勒·柯布西耶,《创作是持久的探索》,第37页。

24

参见彼得·阿里森(Peter Allison)所著文章"勒·柯布西耶,'建筑师还是革命者'?对柯布西耶的第一本建筑著作的重新评价"(Le Corbusier, 'Architect or

Revolutionary?' A Reappraisal of Le Corbusier's First Book on Architecture），《建筑联盟学院特刊》（*AAQ*）第3卷，第2期（1971年），第10页。

25

勒·柯布西耶与查尔斯·拉普拉特尼尔（Charles L'Eplattenier）之间的通信保存在勒·柯布西耶基金会。此处的所有引用均来自1908年2月26日、2月29日和3月2日的信件。有关这一通信的详细评论，请参阅玛丽·帕特里夏·梅·塞克勒（Mary Patricia May Sekler），《查尔斯-爱德华·让纳雷特的早期绘画，1902—1908年》（*The Early Drawings of Charles-Edouard Jeanneret, 1902-08*）（纽约：加兰出版社，1977年）（New York: Garland, 1977），尤其是第221页。

26

法语原文："Sont fort bien faites, mais que l'effet est pitoyable. Oui, vraiement Perrin et moi avons été renversés de ce que donnait en photographie la belle chose que nous connaissons."

27

法语原文："Et nous nous sommes consolés en constatant que de notre stock de photos d'italie, nous n'avions pas une des belles choses architecturales parce que toujours l'effet de ces photographies était dénaturé et offusquant aux yeux de ceux qui avaient vu les originaux."

28

法语原文："Voyez l'effet photographique des halls et des chambres à manger (sic!) d'Hoffmann. Que ca a d'unité, que c'est sobre et simple et beau. Examinons de bien de près et analysons: que sont ces chaises? c'est laid, malcommode, barbant et gosse. Ces parois? du gypse tapoté comme il y en a sous les arcades de Padoue. Cette cheminée, un non sense. Et ce dressoir et ces tables et tout? Combien c'est froid, revêche et raide, et comment diable est-ce bâti?"

29

法语原文："Le mouvement germain est à la recherche de l'originalité à outrance, en ne s'occupant ni de construction, ni de logique, ni de beauté. *Aucun point d'appui* sur la nature."

30

法语原文："Vous nous avez envoyés en Italie pour nous former le goût, aimer ce qui est bâti, ce qui est logique et vous voulez nous obliger à tout ça, parce que des photos font un bel effet sur des revues d'art."

31

参见阿道夫·路斯所著文章"建筑"（Architektur）（1910年），收录于《阿道夫·路斯全集》（*Sämtliche Schriften*），第1卷（维也纳和慕尼黑：赫罗德出版社，1962年）（Vienna and Munich: Verlag Herold, 1962），第302-318页；由威尔弗里德·王译为"建筑"（Architecture），收录于《阿道夫·路斯的建筑》（*The Architecture of Adolf Loos*）展览图册（伦敦：英国艺术委员会，1985年）（London: Arts Council of Great Britain, 1985），第106页。应当指出的是，这篇著名文章的早期英文译本省略了这一段及其他相关段落（见"城市"一章注释23）。关于路斯与摄影同样见本书"城市"一章与"室内"一章的内容。

32

马克思·霍克海默（Max Horkheimer）与西奥多·阿多诺（Theodor Adorno），《启蒙辩证法》（*Dialectic of Enlightenment*）（纽约：连续国际出版社，1972年）（New York: Continuum, 1972），尤其是"文化产业"（The Culture Industry）一章。

33

"摄影，在其复制平面（绘画）时已经具有误导性，而当它假装复制体量时，就更容易产生误导。"参见朱利安·卡隆（Julien Caron）所著文章"勒·柯布西耶的一栋别墅，1916年"，《新精神》第6期，第693页。

34

这些"被绘制过的"照片保存在勒·柯布西耶基金会，L2照片库（Photothèque）（1）。

35

斯坦尼斯劳斯·冯·莫斯，《勒·柯布西耶：元素之融合》（*Le Corbusier: Elements of a Synthesis*）（剑桥：MIT出版社，1979年），第299页。

36

勒·柯布西耶，《精确性：论建筑与城市规划的现状》（*Précisions sur un état présent de l'architecture et de l'urbanisme*）（巴黎：克雷斯出版社，1930年）（Paris: Editions Cres, 1930），第139页。

37

我非常感谢玛格丽特·索比斯基（Margaret Sobieski）在哥伦比亚大学的一次研讨会上指出了萨伏伊别墅"缺失的"柱子。参见勒·柯布西耶，《勒·柯布西耶全集1929—1934年》（苏黎世：吉尔斯伯格出版社，1935年）（Zurich: Editions Girsberger, 1935），第24–31页。

38

勒·柯布西耶与皮埃尔·让那雷，《勒·柯布西耶全集1910—1929年》（苏黎世：吉尔斯伯格出版社，1930年），第142–144页。

39

柯林·罗（Colin Rowe）曾写道，"在加歇别墅中，中心焦点不断被分解，集中在任何一点上的注意力被分解，并且被分解成碎片的中心变成了一种事件向外围的离散，一种围绕平面边缘的一系列兴趣。"《理想别墅的数学及其他论文》（*The Mathematics of the Ideal Villa and Other Essays*）（剑桥：MIT出版社，1977年），第12页。这个绝妙分析的盲点——反映了再现与摄影的一种传统概念——是罗忠实地将斯坦因别墅的柱子在平面上归位，并同帕拉第奥的圆厅别墅的柱子相比较，似乎《勒·柯布西耶全集》中表现加歇别墅的方式仅仅是一处"印刷错误"。

40

勒·柯布西耶基金会，L1照片库（Photothèque）（10）1。

41

勒·柯布西耶基金会，B2-15。

42

法语原文："La Grèce par Byzance, pure création de l'esprit. L'architecture n'est pas que d'ordonnance, de beaux prismes sous la lumière."勒·柯布西耶，《走向新建筑》（巴黎：克雷斯出版社，1923年），第130页。英文版由弗雷德里克·埃切尔斯（Frederick Etchells）译，《走向新建筑》（*Towards a New Architecture*）（纽约：普拉格出版社，1970年）（New York: Praeger, 1970），第162–163页。

43

冯·莫斯，《勒·柯布西耶》，第299页。

44

曼弗雷多·塔夫里（Manfredo Tafuri）恰当地指出："勒·柯布西耶不认为这种工业的'新自然'是一种外部因素，并且声称自己是作为'制作人'而不是作为解释者进入其中。"《建筑学的理论与历史》（*Theories and History of Architecture*）（纽约：哈珀出版社，1976年）（New York: Harper & Row, 1976），第32页。（原版《建筑学的理论与历史》（*Teorie e storia dell'architettura*），罗马与巴里：拉泰尔扎出版社，1969年）在区分"解释者"和"制作人"时，塔夫里追随瓦尔特·本雅明（Walter Benjamin）的"机械复制时代的艺术作品"（The Work of Art In The Age of Mechanical Reproduction），收录于《启迪》（*Illuminations*）（纽约：肖肯出版社，1968年）（New York: Schocken, 1968）。参见本书"博物馆"一章的讨论。

45

在《新精神》档案室的商品目录中，有瓦赞、标致、雪铁龙和德拉热的汽车；法曼和卡普罗尼的飞机和水上飞机；创新牌（Innovation）的运动短裤和行李箱；奥莫（Or'mo）的办公家具，罗内（Ronéo）的文件柜；爱马仕的运动或手提旅行包。其中还包括由瑞士布朗—博韦里公司（Brown Boveri）生产的更为"奢侈"的涡轮机；拉托公司（Rateau）的高压离心式通风机；以及克莱蒙费朗（Clermont Ferrand）和斯林斯比（Slingsby）的成套工业设备。档案室同时还保存着巴黎春天、乐蓬马歇和莎玛丽丹百货公司的邮购目录。参见本书"公共性"一章。

46

托马斯·克劳（Thomas Crow）曾写道，克莱门特·格林伯格（Clement Greenberg）和阿多诺（Adorno）都"将现代主义与大众文化的关系假定为一种无情的拒绝"；然而，"现代主义不断地在高雅与粗俗之间建立颠覆性的等式，将这种等级制度下显然已被束缚的术语打乱，形成了新的且令人信服的构造，从而从内部引发质疑。"

引自 "视觉艺术中的现代主义与大众文化"（Modernism and Mass Culture in the Visual Arts），收录于《现代主义与现代性》（*Modernism and Modernity*），本杰明·H. D. 布赫洛（Benjamin H. D. Buchloh），塞尔日·吉尔博（Serge Guilbaut），戴维·索尔金（David Solkin）编（哈利法克斯，新斯科舍省：新斯科舍省艺术与设计学院出版社，1983年）（Halifax, Nova Scotia: The Press of the Nova Scotia College of Art and Design, 1983），第251页。

47

法语原文："Ce livre puise son éloquence dans des moyens nouveaux; ses magnifques illustrations tiennent à côté du texte un discours parallèlc et d'une grande puissance." "最新出版"（*Vient de paraître*），《走向新建筑》的宣传册。勒·柯布西耶基金会，B2（15）。

48

斯坦尼斯劳斯·冯·莫斯，《勒·柯布西耶》，第84页。同样令人好奇的是，今天再看这些照片，汽车看起来是那么的 "陈旧"，而这些房子看起来依然那么的 "现代"。

49

法语原文："Cette nouvelle conception du livre...permet à l'auteur d'éviter les phrases, les descriptions impuissantes; les faits éclatent sous les yeux du lecteur par la force des images."

50

他所有的书和演讲都采用了同样的通过图像来思考论证的方法。关于《走向新建筑》的初步材料，见勒·柯布西耶基金会，B2（15）。

51

马克西姆·科利尼翁（Maxime Collignon），《帕提农神庙》（*Le Parténon*）与《雅典卫城》（*L'Acropole*），弗雷德里克·博伊索纳斯（Frédéric Boissonnas）和W. A. 曼塞尔（W. A. Mansel）摄影（巴黎：中央图书馆艺术与古建筑出版社，未注明出版日期）（Paris: Librairie Centrale d'Art et d'Architecture Ancienne, n.d.）。

52

参见斯坦福·安德森（Stanford Anderson）所著文章 "勒·柯布西耶作品中的建筑研究项目"（Architectural Research Programmes in the Work of Le Corbusier），《设计研究》（*Design Studies*）第5卷，第3期（1984年7月），第151–158页。

53

参见布鲁诺·赖希林（Bruno Reichlin）所著文章 "水平窗的利与弊"（The Pros and Cons of the Horizontal Window），《代达罗斯》（*Daidalos*）第13卷（1984年），第64–78页。

54

更确切地说，这幅画可能是在勒·柯布西耶为罗内（Ronéo）公司制作《新精神特别图册》（*Special Catalogue L'Esprit Nouveau*）的过程中完成的。关于这些图册参见本书 "公共性" 一章。

55

参见赖希林所著文章 "水平窗的利与弊"，第75页。

56

阿米迪·奥辛芬（Amédée Ozenfant）和查尔斯-爱德华·让纳雷特，《现代绘画》（*La Peinture moderne*）（巴黎：克雷斯出版社，1925年），第168页。

57

弗迪南·德·索绪尔（Ferdinand de Saussure），《普通语言学教程》（*Course in General Linguistics*），韦德·巴斯金（Wade Baskin）译（纽约：麦格劳希尔出版社，1966年）（New York: McGraw-Hill, 1966），第120页。

58

参见罗莎琳·克劳斯（Rosalind Krauss）所著文章 "莱热、勒·柯布西耶与纯粹主义"（Léger, Le Corbusier and Purism），《艺术论坛》（*Artforum*）（1972年4月），第52–53页。

59

参见拉乌尔·本考滕（Raoul Bunschoten）所著文章 "丹尼尔·里伯斯金的语言（世界）"（Wor（1）ds of Daniel Libeskind），《建筑联盟学院档案》（*AA files*）第10期，第79页。

60

"在一个由一扇水平窗户照明的房间里,摄影板的曝光量需要比一个由两扇垂直窗户照明的房间少4倍。"勒·柯布西耶,《精确性》,第57页。关于这个问题,参见本书"窗户"一章。

61

在"机械复制时代的艺术作品"一文中,本雅明将电影技术作为一种艺术的例证来进行研究,在这种艺术中,复制技术给艺术家、公众和生产媒介带来了新的条件。他写道:"与魔术师相比⋯⋯外科医生⋯⋯避免直接地面对病人;相反,是借助手术,医生深入到病人的身体内。魔术师和外科医生就好比画家和摄影师。画家在他的作品中保持一种与现实的自然距离,摄影师深入到现实之网中。他们获得的图像有着极大的不同。画家的作品是完整的,摄影师的作品是由许多片段在新的规则下组合起来的。因此,对当代人来说,电影对现实的再现比画家的再现更具有无可比拟的重要性,因为恰恰由于机械设备对现实的彻底渗透,它提供了一个不受任何设备影响的现实的一个面向。而这正是人们有权对一件艺术品所提出的要求。"《启迪》(*Illuminations*),第233–234页。另参见本章注释44。

62

我非常感谢克里·希尔(Kerry Shear)在哥伦比亚大学的一次研讨会上指出罗内的草图矛盾的本质。

63

勒·柯布西耶,《现代建筑年鉴》(*Almanach d'architecture moderne*)(巴黎:克雷斯出版社,1925年)。

64

勒·柯布西耶:《今日的装饰艺术》,第72页。

65

同上,第76页。

公共性

1

《新精神》杂志由勒·柯布西耶与法国画家阿米迪·奥辛芬（Amédée Ozenfant）创办，1920—1925年在巴黎出版。最初，该杂志的编辑是达达主义诗人保罗·德米（Paul Dermée），但他在第四期被解雇了，因为编辑部成员之间发生了争论，并最终导致了一场法庭审判。奥辛芬后来在他的回忆录中写道：“德米想要将其做成达达主义的杂志，我们否定了他。”德米被解职的同时，该杂志的副标题发生了显著的变化，从“国际美学评论”（Revue internationale d'esthétique）变成了“国际当代活动评论”（Revue internationale de l'activité contemporaine）。这一变化意味着从“美学”——这个从日常生活中分离出来的专门领域——向“当代活动”的转变，其中不仅包括绘画、音乐、文学和建筑，还包括戏剧、音乐剧、体育、电影和书籍设计。关于勒·柯布西耶与公共性，参见斯坦尼斯劳斯·冯·莫斯（Stanislaus von Moos），《勒·柯布西耶：元素之融合》（Le Corbusier: Elements of a Synthesis）（剑桥：MIT出版社，1979年），以及他后来的文章《标准与精英：勒·柯布西耶，工业与新精神》（Standard und Elite: Le Corbusier, die Industrie und der Esprit nouveau），见蒂尔曼·巴登西格（Tilmann Buddensieg）与亨宁·罗格（Henning Rogge）编，《实用艺术》（Die nützliche Künste）（柏林，1981年），第306–323页；《新精神：勒·柯布西耶与工业，1920—1925年》（L'Esprit nouveau: Le Corbusier und die Industrie, 1920—1925），苏黎世、柏林和斯特拉斯堡的展览目录，斯坦尼斯劳斯·冯·莫斯编（柏林：恩斯特与索恩出版社，1987年）（Berlin: Ernst & Sohn, 1987）；格拉迪斯·C.法布尔（Gladys C. Fabre），“具象绘画中的现代精神——从现代主义图像学到现代主义设计”（L'Esprit moderne dans la peinture figurative-de l'iconographie moderniste au Modernism de conception），《莱热与现代精神，1918—1931年》（Léger et l'Esprit moderne 1918—1931）（巴黎：现代艺术博物馆，1982年）（Paris: Musée d'Art Moderne, 1982），第82–143页；弗朗索瓦·威尔·莱瓦兰（Francois Will-Levaillant），“通过新精神来规范与塑造”（Norme et forme à travers l'esprit nouveau），《视觉艺术与建筑中秩序的回归，1919—1925年》（Le Retour à l'ordre dans les arts plastiques et l'architecture, 1919—1925）（圣艾蒂安大学，1986年）（Université de Saint-Etienne, 1986），第241–276页。

2

在儿童笔记本这一“现成物”的背面，勒·柯布西耶写道：“这句话估计会印在法国学校的笔记本上/几何是我们的语言/是我们测量和表达的手段/几何是基础。”此图像的一个片段出现在奥辛芬和勒·柯布西耶的一篇文章“自然与创造”（《新精神》第19期）之中，此篇文章后来重刊在1925年的《现代绘画》（La Peinture moderne）上。完整的图像还再次出现在1925年的《明日之城市》（Urbanisme）中，并重复使用了上述评论。《汽车》（The Autocar）上一篇文章“轮廓的和谐”（The Harmony of Outline）的插图，以名为“汽车形式的演变”（Evolution des formes de l'automobile）（《新精神》第13期）的插图文章的形式被挪用到《新精神》中。

3

这些书的内容最早以系列文章的形式在《新精神》上发表，除了“建筑还是革命”（Architecture ou révolution）这一章，它是《走向新建筑》后来新加的一章。《现代建筑年鉴》（Almanach de l'architecture moderner）本应是《新精神》第29期的内容，这一期完全是关于建筑的，却未曾出版。

4

勒·柯布西耶的作品从来不会只有一种解读。拉多公司的通风机也可以被理解为一个螺旋，这是柯布西耶痴迷一生的图像之一，并且在现代心理学中，螺旋与个性化的过程密切相关。螺旋可以被看作是一条从生到死再到生的路径的表达。通过以往存在的一部分的消亡，人的（建筑师）复兴才成为可能。从这个角度看，“建筑还是革命”也可以理解为开启了一种精神—文化的重生。不必详尽阐述螺旋的复杂意义，我们也会想到迷宫的建造者——代达罗斯（Daedalus）的神话：“有一个古老的故事……他有把细线穿进一只蜗牛壳的能力。”卡罗利·凯伦尼（Karl Kerenyi），《迷宫研究》（Labyrinth-Studien）（苏黎世：莱茵出版社，1950年）（Zurich: Rhein-Verlag, 1950），第47页。

5

特奥·凡·杜斯伯格在《风格派》（1921年）第4期和第6期中借用了《新精神》杂

志中的一些筒仓图片。勒·柯布西耶与奥辛芬曾写信给凡·杜斯伯格，斥责他没有注明《新精神》的素材来源。相同的筒仓照片再次出现在卡斯克（Kassak）与莫霍利·纳吉的《新神话之书》（*Uj Müveszek Könyver*）（维也纳；在柏林以《新艺术家》（*Buch neuer Künstler*）为名再版，1922年）一书中，并且之后又出现在《匈牙利行动主义》（*MA*）（第3—6期，1923年）中。另见法布尔（Fabre），"具象绘画中的现代精神"（L'Esprit moderne dans la peinture figurative），第99—100页。

6

雷纳·班纳姆（Reyner Banham），《一座混凝土的亚特兰蒂斯：美国工业建筑与欧洲现代建筑》（*A Concrete Atlantis: U.S. Industrial Building and European Modern Architecture*）（剑桥和伦敦：MIT出版社，1986年），第11页。

7

参见玛丽-奥迪尔·布里奥特（Marie-Odile Briot），"新精神及其科学观"（L'Esprit Nouveau and Its View of Science），《莱热与现代精神》（*Léger et l'esprit moderne*），第62页。

8

马吕斯·阿里·勒布隆（Marius-Ary Leblond），《加利亚尼讲话》（*Galliéni parle*）（巴黎，1920年），第53页。被斯蒂芬·柯恩（Stephen Kern）引用于《时空文化：1880—1918》（*The Culture of Time and Space: 1880—1918*）（剑桥：哈佛大学出版社，1983年），第309页。

9

1927年，《小评论》（*Little Review*）杂志在纽约举办了一场展览，创造了"机械时代"（machine age）这个概念；尽管它被广泛使用，却很难成为充分描述20世纪早期欧洲艺术实践的专有名词。

10

"严谨的艺术家们在工业领域发现了新的宗教符号，几乎与此同时，商人们也开始认识到广告的力量。为了避免生产过剩的危险，他们的广告代理公司使用机器时代的形象来刺激消费。"参见阿兰·特拉赫滕贝格（Alan Trachtenberg），"机械时代的艺术与设计"（The Art and Design of the Machine Age），《纽约时报杂志》（*The New York Times Magazine*），1986年9月21日。

11

雷纳·班纳姆，《第一机械时代的理论与设计》（*Theory and Design in the First Machine Age*）（纽约：普雷格出版社，1967年）（New York: Praeger, 1967），第221页。

12

勒·柯布西耶-索涅尔（Le Corbusier-Saugnier），"'沃新恩'住宅"（Les Maisons 'Voisin'），《新精神》第2期，第214页。班纳姆在《第一机械时代的理论与设计》中曾引用过。索涅尔是奥辛芬在《新精神》中撰写相关建筑学文章时使用的笔名。众所周知，勒·柯布西耶最初出于同样的目的选择了查尔斯-爱德华·让纳雷（Charles-Edouard Jeanneret）这一笔名。

13

玛丽-奥迪尔·布里奥特，"新精神及其科学观"，第62页。

14

勒·柯布西耶，《今日的装饰艺术》，（巴黎：克雷斯出版社，1925年），第23页。

15

亚伯拉罕·摩尔（Abraham Moles）在其著作《文化的社会动力》（*Sociodynamique de la culture*）（巴黎：穆顿出版社，1968年）（Paris: Mouton, 1968）第28页中提到："文化的作用是为个人提供一个概念之屏，在这个屏上投射了其自身对外部世界的感知。这种概念之屏在传统文化中具有合理的网状结构，以一种近乎几何的形式组织起来……我们知道如何将新概念与旧概念联系起来。现代文化、马赛克文化，给我们提供了一个如同将一系列的纤维随意粘在一起的屏……这个屏是在将个体淹没在各种不同的信息洪流中建立的，没有原则的等级：他对一切都了如指掌；他的思想结构是极度简化的。"勒·柯布西耶不断尝试将他的知识进行分类，但这并没有使他的作品免受摩尔所描述的这种文化状况的影响，反而成为其可能的证明之一。勒·柯布西耶以一种几乎是19世纪的方式在他的书中构建目录的惯例，与他们的实际内容形成了鲜明的对比，后者来自各种信息来源，并根据新的"视觉思维"表现出来，这是在信息大量印刷的新条件下产生的。

16

勒·柯布西耶，《今日的装饰艺术》，第127页。

17

阿米迪·奥辛芬与查尔斯-爱德华·让纳雷，《现代绘画》(*La Peinture moderne*)（巴黎：克雷斯出版社，1925年），第i页。

18

"我要解决的问题……并不是现代主义'曾经是什么'，而是在历史的回顾中它是如何被理解的，它所承载的主导价值和知识，以及第二次世界大战后它在意识形态和文化层面是如何起作用的。现代主义的某种特定印象，已经成为后现代主义者争论的焦点，而且如果我们想理解后现代主义与现代主义传统之间悬而未决的关系及其所主张的差异，就必须对这一印象进行重构。"安德烈亚斯·胡伊森（Andreas Huyssen），"描绘后现代"（Mapping the Postmodern），《新德国评论》(*New German Critique*)1984年第33期，第13页。将先锋派与"现代主义"相等同便是这种公认观点的一部分。在此意义上，"主义"尤其说明问题——它将一切都归结为一种风格。为对抗这一传统，我们应该试着去理解现代时期不同项目的特殊性——或者用塔夫里的话说，进行"一次将现代运动说成是思想、诗学与语言传统的统一体是否仍然合理的彻底的考察。"曼弗雷多·塔夫里，《建筑学的理论与历史》(*Theories and History of Architecture*)，乔治·韦雷奇亚（Giorgio Verrecchia）译（纽约：哈珀出版社，1980年；初版由罗马巴里出版社编，1969年）(New York: Harper & Row, 1980; original ed. Rome and Bari, 1969)，第2页。

19

威廉·A. 坎菲尔德（William A. Camfield），"弗朗西斯·毕卡比亚的机械风格"（The Machinist Style of Francis Picabia），《艺术公报》(*Art Bulletin*)，1966年9–12月。

20

在1966年接受奥托·哈恩（Otto Hahn）的采访时，马塞尔·杜尚（Marcel Duchamp）不仅阐明了马特（Mutt）与莫特（Mott）之间的关系，或许更重要的是，他还试图阐释《署名R. Mutt的泉》(*Fountain by R. Mutt*)在高雅艺术传统与大众文化之间理解的差异：

奥托·哈恩—回到你的现成物；我原本以为"泉"上的签名"R. MUTT"，是制造商的名字，但在罗莎琳·克劳斯（Rosalind Krauss）的一篇文章中，我读到：R. MUTT是德语Armut，或者poverty（贫穷）的双关语。"贫穷"的指代会彻底改变"泉"的意义。

马塞尔·杜尚—罗莎琳·克劳斯？那个有着红头发的人？根本不是这样。你可以反驳它。马特（Mutt）来自莫特铁厂（Mott Works）—— 一个大型卫生设备制造商的名字。但莫特（Mott）又太接近（制造商的名字），所以我把它改成了Mutt，这发生在当时大家都很熟悉的连载漫画《马特与杰夫》(*Mutt and Jeff*)之后。因此，从一开始就是马特——一个肥胖又滑稽的小家伙——和杰夫——一个又高又瘦的男人——之间的相互作用……我想要取陈旧的名字。我还加了Richard（法国俚语中"钱袋"的意思）。对"小便池"(*pissotière*)来说，这是个不错的名字。你明白了吗？是贫穷的反义词。但也没那么深刻，只是R. MUTT。

奥托·哈恩，"护照号G255300"（Passport No.G255300），《艺术与艺术家1》(*Art and Artists 1*)第4期（伦敦，1966年7月），第10页。关于"R. MUTT"的其他解读参见威廉·A. 坎菲尔德（William A. Camfield），《马塞尔·杜尚的泉》(*Marcel Duchamp Fountain*)（休斯敦：曼尼尔收藏馆，休斯敦美术出版社，1989年）(Houston: The Menil Collection, Houston Fine Art Press, 1989)，第23页，注释21。

21

彼得·伯格（Peter Bürger），《先锋派理论》(*Theory of the Avant-Garde*)（明尼阿波利斯：明尼苏达大学出版社，1984年），第52页。伯格还指出，杜尚的意图很容易被消费："很明显，这种挑衅不可能无限地重复：这里的理念是，个人是艺术创作的主体。一旦带有签名的小便池被接受为一件值得在博物馆占有一席之地的物品，便不再构成挑衅，而是变成了它（所要挑衅的东西）。……它没有谴责艺术市场，而是适应了它。"曼弗雷多·塔夫里也优先考虑到了制度的问题（这次是建筑学的制度）。他写道："人无法'预设'一种阶级建筑；而只可能将阶级批判引入建筑学……任何以最恼怒的反抗或最矛盾的讽刺来推翻制度、准则的尝试——正如我们从达达主义和超现实主义身上所学到的——必然会意识到反抗本身就是一种积极的贡献，一种'建设性'的先锋派，一种更加积极的意识形态，因为它具有显著的批评和自我批评。"《建筑学的理论与历史》（*Theories and History of Architecture*），第二版（意大利语）的说明。

22

碧翠丝·伍德（Beatrice Wood），《盲人2》（*The Blind Man 2*）（1917年）。《盲人》是一本只出版了两期的小型杂志，由马塞尔·杜尚、碧翠丝·伍德与亨利–皮埃尔·罗谢（H. P. Roché）编辑。正如道恩·阿德斯（Dawn Ades）所指出的，"有理由认为，这本杂志的主要目的是宣传《泉》。"

23

参见勒·柯布西耶，《今日的装饰艺术》，第57页。

24

阿道夫·路斯，"冗余物"（Die Überflüssigen）（1908年），见《阿道夫·路斯全集》（*Sämtliche Schriften*），第1卷，第267–268页。

25

勒·柯布西耶，《今日的装饰艺术》，第77页。

26

雷纳·班纳姆，《第一机械时代的理论与设计》，第250页。

27

碧翠丝·伍德，《盲人2》（1917年）。

28

阿道夫·路斯，"管道工"（Die Plumber），《新自由报》（*Neue Freie Presse*）（1898年7月17日）。英文版见《言入空谷》，简·纽曼（Jane O. Newman）与约翰·亨利·史密斯（John H. Smith）译，（剑桥和伦敦：MIT出版社，1982年），第46页；此处翻译略有不同。

29

瓦尔特·本雅明，"卡尔·克劳斯"，见《反思》（*Reflections*），彼得·德梅茨（Peter Demetz）作序，埃德蒙·杰弗科特（Edmund Jephcott）译（纽约：哈考特·布雷斯·乔瓦诺维奇出版社，1979年）（New York: Harcourt Brace Jovanovich, 1979），第260页。

30

勒·柯布西耶基金会，A1（7），194。

31

勒·柯布西耶基金会，A1（17），1。

32

1925年4月3日勒·柯布西耶致米其林（Michelin）的信，见勒·柯布西耶基金会，A2（13）。引自斯坦尼斯劳斯·冯·莫斯所著文章"都市主义与跨文化交流，1910—1935：一项调查"（Urbanism and Transcultural Exchanges, 1910—1935: A Survey），见H. 艾伦·布鲁克斯（H. Allen Brooks）编，《勒·柯布西耶档案》（*The Le Corbusier Archive*）第10卷（纽约：加兰德出版社，1983年）（New York: Garland, 1983），第xiii页。

33

罗伯托·卡贝蒂（Roberto Gabetti）与卡洛·德尔·奥尔莫（Carlo del Olmo），《勒·柯布西耶与新精神》（*Le Corbusier e L'Esprit nouveau*）（都灵：朱利奥·伊诺第，1975年）（Turin: Giulio Einaudi, 1975年），第6页。标题为"参观展馆后提出项目研究和建设的要求与提议"（Demandes et offres d'études de projets et de construction à la suite des visites au Pavillon），勒·柯布西耶基金会，A1（5）的卷宗包含所有这些信件。

34

给普里马维拉工作室（Ateliers Primavera）的信，见勒·柯布西耶基金会，A1（10）。

35

勒·柯布西耶基金会文档，A1（18）。另见卡贝蒂与德尔·奥尔莫，《勒·柯布西耶与新精神》，第215–225页。

36

勒·柯布西耶基金会文档，A1（17），105。

37

塔夫里，《建筑学的理论与历史》，第141页。

博物馆

1

"现代建筑：国际展览"于1932年2月10日在纽约现代艺术博物馆开幕。布展是在第五大道730号的5个房间内，其中包括主要来自弗兰·劳埃德·赖特（Frank Lloyd Wright）、沃尔特·格罗皮乌斯（Walter Gropius）、勒·柯布西耶、雅各布斯·约翰尼斯·彼得·乌德（J. J. P. Oud）、密斯·凡·德·罗（Mies van der Rohe）、雷蒙德·胡德（Raymond Hood）、豪与莱斯卡泽（Howe & Lescaze）、理查德·诺伊特拉（Richard Neutra）和鲍曼兄弟（Bowman Brothers）的模型、照片、平面与图纸。这些建筑师的作品还出现在名为《现代建筑：国际展览》（*Modern Architecture: International Exhibition*）的展览图录中，由亨利–罗素·希区柯克（Henry-Russell Hitchcock）、菲利普·约翰逊（Philip Johnson）和路易斯·芒福德（Lewis Mumford）编辑（纽约：现代艺术博物馆，普兰多姆出版社，1932年；印制5000份；再版由纽约：现代艺术博物馆与阿诺出版社，1969年）。该展览在美国各地巡展了7年多。它通常被称为"国际风格展"，因为展览的策展人亨利–罗素·希区柯克与菲利普·约翰逊出版了《国际式风格：1922年以来的建筑》（*The International Style: Architecture since 1922*）（纽约：诺顿出版社，1932年）一书。书的内容与图录并不一致。有关其他信息，请参阅苏珊娜·史蒂芬斯（Suzanne Stephens）所著文章"回顾现代建筑：国际风格五十周年"（Looking Back at Modern Architecture: The International Style Turns Fifty），《天际线》（*Skyline*）（1982年2月），第18–27页；海伦·西林（Helen Searing）所著文章"国际风格：赤色联系"（International Style：The Crimson Connection），《革新建筑》（*Progressive Architecture*）（1982年2月），第89–92页；理查德·盖伊·威尔逊（Richard Guy Wilson）所著文章"国际风格：现代艺术博物馆展览"（International Style: The MoMA Exbihition），出处同上，第93–106页，尤其是泰伦斯·瑞莱（Terence Riley）最近的著作《国际式风格：15号展览与现代艺术博物馆》（*The International Style: Exhibition 15 and the Museum of Modern Art*）（纽约：里佐利与哥伦比亚建筑图书，1992年）（New York: Rizzoli and Columbia Books of Architecture, 1992）。

2

菲利普·约翰逊，由彼得·艾森曼采访，《天际线》（1982年2月），第15页。

3

希区柯克与约翰逊，《国际式风格》，第33页，viii–ix。

4

约翰逊访谈，《天际线》，第14页。

5

希区柯克与约翰逊，《国际式风格》，第80–81页。

6

同上，第12–13页。"新时代的新建筑"（New Building for the New Age）包括萨里嫩（Saarinen）、门德尔松（Mendelsohn）、滕博姆（Tengbom）、杜多克（Dudok）……"如果我们把罗马式（Romanesquoid）的斯图加特火车站、马莱–史提文斯大街（rue Mallet-Stevens）的立方主义住宅、佩雷特兄弟的混凝土教堂，以及在斯德哥尔摩的新巴洛克罗马式（neo-Barocco-Romanesque）市政厅加进来，将得出一份近乎完整的现代欧洲建筑清单，这些建筑最为人所知……并受到大多数美国建筑师的钦佩。""钢铁诗人"（Poets in Steel）一文关注的是摩天大楼："罗马风格、玛雅、亚述、文艺复兴、阿兹特克、哥特式，特别是现代主义……难怪我们中一些曾经对此混乱感到震惊的人，转而对国际式风格抱有极大的兴趣与期望。"

7

莱利，《国际式风格》，第10页。

8

参见阿尔弗雷德·巴尔（Alfred H. Barr, Jr.）所著文章"现代建筑"（Modern Architecture），《猎犬号》（*The Hound and Horn*）第3卷，第3期（1930年4月至6月），第431–435页。引自莱利，《国际式风格》。

9

菲利普·约翰逊致霍默·约翰逊（Homer H. Johnson）女士的信，柏林，1930年7月21日，约翰逊文件。引自莱利，《国际式风格》。

10

参见《修订的展览提案》，1931年2月10日，引自莱利，《国际式风格》，附录2，第219页。

11

约翰逊致鲍曼兄弟的信，1931年5月22日，博物馆档案室，纽约现代艺术博物馆。引自莱利，《国际式风格》，第42、47页。

12

参加路易斯·芒福德所著文章"住房"（Housing），《现代建筑：国际展览》，第179–184页。

13

阿尔弗雷德·巴尔，《国际式风格》的序言，第15页。

14

同上，第15–16页。

15

希区柯克与约翰逊，《国际式风格》，第31页。

16

勒·柯布西耶，《我的作品》（My Work）（伦敦，1960年），第51页。这些巡回讲座构成了其著作《当大教堂是白色：怯懦国度之旅》（When the Cathedrals Were White: A Journey to the Country of Timid People）（纽约：雷纳尔与希区柯克出版社，1947年）（New York: Reynal and Hitchcock, 1947）的基础。

17

勒·柯布西耶，《今日的装饰艺术》，第127页。

18

安德烈·马尔罗（Andre Malraux），"没有墙的博物馆"（The Museum without Walls），《寂静之声》（The Voice of Silence）（纽约花园城：道布尔戴出版社，1953年）（Garden City, N.Y.: Doubleday, 1953）。

19

参见"巴黎来信"（Lettre de Paris），未注明日期的手稿，勒·柯布西耶基金会，A1（16）。该文件是《新精神》档案的一部分。此观点非常接近《今日的装饰艺术》中的观点，因而推测可能日期为1924—1925年。

20

勒·柯布西耶，《今日的装饰艺术》，第17页。

21

参加安德烈·马尔罗所著文章"没有墙的博物馆"，第13–14页。

22

参见瓦尔特·本雅明所著"机械复制时代的艺术作品"，载于《启迪》（Illuminations），汉娜·阿伦特（Hannah Arendt）撰写引言，哈利·佐恩（Harry Zohn）译（纽约：肖肯书屋，1969年）（New York: Schocken Books, 1969），第225页。

23

参见文章"壁画"（Fresque），《新精神》第19期。海报（l'affiche）的问题将在《新精神》第25期中再次讨论，其中P.布拉尔（P. Boulard），又称勒·柯布西耶，在"现实"（Actualités）一文中写道："街上一片喧嚣。伐木工人在圣日耳曼大道上炫耀着。在10天的时间里，立体主义在一公里的范围内传播开来，并呈现给大众。"勒·柯布西耶在这里赞赏的海报是卡桑德尔（Cassandre）的海报。但是，他当时并不知道或者没有承认这些海报的来源。相反，他写信给海报所宣传的公司——宝诗龙（Le Boucheron），试图获得《新精神》杂志的宣传合同。详见1924年6月6日和14日的信件，收藏于勒·柯布西耶基金会，A1（17）。当然，卡桑德尔的海报对勒·柯布西耶而言不是"艺术"，而是工业化日常生活所生产的美丽物品的又一个例证。更多关于这个主题的内容见A. H.，"海报"（L'Affiche），《新精神：勒·柯布西耶与工业，1920—1925》（L'Esprit nouveau: Le Corbusier und die Industrie, 1920—1925），斯坦尼斯劳斯·冯·莫斯编（柏林：恩斯特与索恩出版社，1987年）（Berlin: Ernst & Sohn, 1987），第281页。

24

"艺术在街道上无处不在，街道是现在和过去的博物馆"，勒·柯布西耶，《今日的装饰艺术》，第189页。

25

同上，第182页。

26

参看曼弗雷多·塔夫里（Manfredo Tafuri），《建筑学的理论和历史》，乔治·韦雷基亚（Giorgio Verrecchia）译（纽约：哈珀与罗出版社，1980年）（New York: Haroer & Row, 1980），第32页。塔夫里引用的本雅明的段落来自"机械复制时代的艺术作品"，第233页。塔夫里在这篇文章中发现了一个原则，通过这个原则可以发现20世纪先锋派的独特特征。有趣的是，他将马塞尔·杜尚列入使艺术家—魔术师的形象永久化的人物。《建筑学的理论和历史》，第32页。另见本书"摄影"一章的注释61。

27

参见詹姆斯·约翰逊·斯威尼（James Johnson Sweeney）所著"与马塞尔·杜尚的对话……"（A Conversation with Marcel Duchamp...），费城艺术博物馆的采访，构成了1955年由NBC制作的30分钟电影的音轨。引自阿图罗·施瓦茨（Arturo Schwarz），《马塞尔·杜尚全集》（*The Complete Works of Marcel Duchamp*）（纽约：亚伯兰斯出版社，未注明出版日期）（New York: Abrams, n.d.），第513页。

28

斯坦尼斯劳斯·冯·莫斯，《勒·柯布西耶：元素之融合》（*Le Corbusier: Elements of a Synthesis*）（剑桥：MIT出版社，1979年），第302页。

29

《勒·柯布西耶，1910—1965》（*Le Corbusier, 1910—1965*），威利·博奥席耶（W. Boesiger）与汉斯·吉尔斯伯格（H. Girsberger）编（苏黎世：建筑出版社，1967年）（Zurich: Les Editions Architecture, 1967），第236–237页。

室内

1

瓦尔特·本雅明，"巴黎，十九世纪的首都"（Paris, Capital of the Nineteenth Century），见《反思》（*Reflections*），埃德蒙·杰弗科特（Edmund Jephcott）译（纽约：肖肯书屋，1986年）（New York: Schocken Books, 1986），第155–156页。

2

法语原文："Loos m'affirmait un jour: 'Un homme cultivé ne regarde pas par la fenêtre; sa fenêtre est en verre dépoli; elle n'est là que pour donner de la lumière, non pour laisser passer le regard.'" 勒·柯布西耶，《明日之城市》（*Urbanisme*）（巴黎，1925年），第174页。这本书的英文版（纽约，1929年）书名为《明日之城市及其规划》，由弗雷德里克·埃切尔（Frederick Etchells）翻译，其中此句被译为："一位朋友曾告诉我：'一个有教养的人不会往窗外看；他的窗户是磨砂玻璃；其存在只是为了让光线进来，而不是为了向外看'"（第185–186页）。在这个翻译中，路斯的名字已被"一位朋友"取代。到底是对埃切尔来说路斯不值一提，还是这只是导致这本书的书名被误译的另一个例子？也许勒·柯布西耶本人决定抹掉路斯的名字。顺序不同但同样典型的是将"laisser passer le regard"（让视线穿过）误译为"向外看"，似乎是为了抵制视线可能拥有自己的生命、独立于观看者的想法。

3

对空间的感知是通过其再现形式产生的；从这个意义上说，建成空间并不比绘画、照片或描述更具权威性。

4

路德维希·芒兹（Ludwig Münz）与古斯塔夫·昆斯特勒（Gustav Künstler），《建筑师阿道夫·路斯》（*Der Architekt Adolf Loos*）（维也纳和慕尼黑，1964年），第130–131页。英文版本：《阿道夫·路斯，现代建筑的先驱》（*Adolf Loos: Pioneer of Modern Architecture*）（伦敦，1966年），第148页："我们可能会想起海因里希·库尔卡（Heinrich Kulka）传给我们的对阿道夫·路斯的观察，他说如果不能看到外面的大空间，剧院包厢的狭小就会让人难以忍受；因此，即使在小房子的设计中，也可以通过将高大的主房间与低矮的附属房间连接起来，来节省空间。"

5

乔治·特索（Georges Teyssot）曾指出，"房间作为远离世界的避难所的这种柏格森式的想法意在将其理解为一种介于幽闭恐惧症和旷野恐惧症之间的'两者并置'。这种辩证法已经在里尔克（Rilke）身上找到了。"乔治·特索，"住所之病"（The Disease of the Domicile），《集合》（*Assemblage*）第6期（1988年），第95页。

6

还有一条更直接、更私密的通往休息区的路线，即一段会客厅入口处的楼梯。

7

"在路易–菲利普（Louis-Philippe）统治时期，公民个人登上了历史舞台……对个人来说，生活空间首次与工作场所成为一种对照。前者是由室内构成的；办公室是其补足。在办公室里将自己与现实世界划分得一清二楚的具有私密属性的个人，需要把室内保持在他的幻想之中。由于他无意将其商业考虑扩展到社交考量当中，这种需要就更加迫切了。在塑造他的私人环境时，他压制了两者，由此产生了室内的幻象。对个人而言，私密环境代表着宇宙。在这里，他聚集了遥远的地方和过去。他的会客厅是*世界剧院的一个盒子*。"瓦尔特·本雅明，"巴黎，十九世纪的首都"，见《反思》，第154页。补充强调。

8

这让人想起弗洛伊德的论文"被殴打的孩子"（1919年），正如维克托·布金（Victor Burgin）所写的，"主体既被定位在观众席上，也被定位在舞台上，它既是侵略者又是被侵略者。"维克托·布金，"几何学与排斥"（Geometry and Abjection），《建筑联盟学院档案》（*AA files*），第15期（1987年夏季），第38页。路斯的室内空间似乎与弗洛伊德的无意识相吻合。西格蒙德·弗洛伊德，"被殴打的孩子：对性变态起源研究的贡献"，见《西格蒙德·弗洛伊德心理学著作全集标准版》（*The Standard Edition of the Completed Psychological Works of Sigmund Freud*）（伦敦：霍加斯出版社，1953—1974年）（London: Hogarth Press, 1953—1974），第17卷，第175–204页。关于弗洛伊德的论文，另参见杰奎琳·罗丝（Jacqueline Rose），《视野中的性》（*Sexuality in the Field of Vision*）（伦敦，1986年），第209–210页。

9

芒兹与昆斯特勒，《阿道夫·路斯》，第36页。

10

见注释7。本雅明的室内并没有社交空间。他写道："在塑造他的私人环境时，他（个人）压制了［商业和社交上的考虑］。"本雅明的室内是在与办公室的对立中建立的。但正如劳拉·穆尔维（Laura Mulvey）所指出的，"工作场所对家庭没有威胁。两者在一个安全的、相互依赖的两极化中相互维持。威胁来自其他地方：……城市。"劳拉·穆尔维，"家庭内外的情景剧"（Melodrama Inside and Outside the Home）（1986年），见《视觉愉悦与其他愉悦》（Visual and Other Pleasures）（伦敦：麦克米伦出版社，1989年）（London: Macmillan, 1989），第70页。

11

在批评本雅明对中产阶级室内的阐述时，劳拉·穆尔维写道："本雅明没有提到这样一个事实，即私人领域，也就是家庭内部的部分，是资产阶级婚姻的必要附属品，因此与女性有关，而且不仅是作为女性，同样也作为妻子与母亲。是母亲通过维护家庭的体面来保证家庭的隐私，就像家庭本身的围墙一样，是对入侵或好奇心的重要防御。"劳拉·穆尔维，"家庭内外的情景剧"。

12

芒兹与昆斯特勒，《阿道夫·路斯》，第149页。

13

雅克·拉康（Jacques Lacan），《雅克·拉康研讨会：第一卷，弗洛伊德关于技术的论文，1953—1954年》（The Seminar of Jacques Lacan: Book 1, Freud's Paper on Technique 1953—1954），雅克–阿兰·米勒（Jacques-Alain Miller）编，约翰·弗雷斯特（John Forrester）译（纽约和伦敦：诺顿出版社，1988年）（New York and London: Norton, 1988），第215页。在这篇文章中，拉康参考了让·保罗·萨特（Jean-Paul Sartre）的《存在与虚无》（Being and Nothingness）。

14

在路斯最具自传性的文本之一"圆形大厅的室内"（Interiors in the Rotunda）（1898年）中，有一个将家具拟人化的例子，他写道："每件家具、每件东西、每件物品都有一个故事，或是一段家族历史。"《言入空谷：路斯1897—1900年文集》（Spoken into the Void: Collected Essays 1897—1900），简·纽曼（Jane O. Newman）与约翰·亨利·史密斯（John H. Smith）译，（剑桥：MIT出版社，1982年），第24页。

15

这张照片最近才被出版。库尔卡的专著（路斯也参与了这项工作）展示了完全相同的景色，同一张照片，但没有人的身影。墙上奇怪的开口将观看者引向虚空，朝着失踪的演员（摄影师无疑觉得有必要通过字面上插入一个人物来掩盖这种紧张）。这种张力构成了主体，就像在莫勒住宅抬高处的内置沙发，或者是穆勒住宅中俯瞰会客厅的淑女室（Zimmer der Dame）的窗户一样。

16

阿道夫·路斯，《其他》（Das Andere），第1期（1903年），第9页。

17

肯尼思·弗兰普顿（Kenneth Frampton），1986年秋季在哥伦比亚大学的讲座。

18

另外需要注意的是，与其他窗户相反，这扇窗户是外窗，它向入户空间打开。

19

莫勒住宅餐厅后部的反射表面（介于不透明的窗户与镜子之间）和音乐室后部的窗户，不仅是在它们的位置和比例上，甚至在植物被摆放成两层的方式上相互"镜像"。在照片中，所有这些都产生了一种错觉，即这两个空间之间的门槛是虚拟的，不可逾越且无法穿透。

20

库尔特·安格斯（Kurt Ungers）写给路德维希·芒兹的信，引自芒兹与昆斯特勒，《阿道夫·路斯》，第195页。补充强调。

21

克里斯蒂安·梅茨（Christian Metz），"关于两种窥阴癖的注解"（A Note on Two Kinds of Voyeurism），见《想象的能指》（The Imaginary Signifier）（布卢明顿：印第安纳大学出版社，1977年）（Bloomington: Indiana University Press, 1977），第96页。

22

阿道夫·路斯,"覆层原则"(The Principles of Cladding)(1898年),见《言入空谷》,第66页(补充强调)。路斯在此明确指的是森佩尔(Semper)的空间作为覆层的概念,甚至从森佩尔那里借用了"覆层原则"这一术语。除了这个例子以外,森佩尔对路斯的影响可以在路斯的整个理论中找到,也许可以追溯到他在德累斯顿技术学院(Technische Hochschule in Dresden)的学习,1889—1890年他在那里担任审计员。戈特弗里德·森佩尔在1834—1848年曾在这所学校任教,并留下了具有影响力的理论遗产。

23

弗兰科·雷拉(Franco Rella),《现代神话与人物》(*Miti e figure del moderno*)(帕尔马:实践出版社,1981年)(Parma: Pratiche Editrice, 1981),第13页和注释1。勒内·笛卡儿(René Descartes),《与阿诺和莫鲁斯的通信》(*Correspondance avec Arnauld et Morus*),G. 刘易斯(G. Lewis)(巴黎,1933年):1641年8月写给Hyperaspistes的信。

24

阿道夫·路斯,"覆层原则"(The Principles of Cladding)(1898年),见《言入空谷》,第66页。比较森佩尔的说法:"悬挂的地毯仍然是真正的墙壁,是空间的可见边界。它们后面的实心墙体通常是必要的,但与空间的创造无关;它们是为了安全,为了支持负载,为了它们的永久性等原因才被需要。在没有出现这些次要功能的地方,地毯仍然是分隔空间的原始手段。即使在有必要建造实体墙的地方,后者也只是隐藏在墙的真正合法代表——五颜六色的编织地毯——后面的内在无形结构。"戈特弗里德·森佩尔,"建筑的四要素:对建筑比较研究的贡献"(The Four Elements of Architecture: A Contribution to the Comparative Study of Architecture)(1851年),见《戈特弗里德·森佩尔:建筑的四要素及其他著作》(*Gottfried Semper: The Four Elements of Architecture and Other Writings*),哈里·弗朗西斯·莫尔格瑞夫(Harry Francis Mallgrave)与沃尔夫冈·赫尔曼(Wolfgang Herrmann)译(剑桥:剑桥大学出版社,1989年),第104页。

25

何塞·昆特格拉斯(José Quetglas),"塑型器"(Lo Placentero),《城市街道》(*Carrer de la Ciutat*),第9–10期,路斯特刊(1980年1月),第2页。

26

阿道夫·路斯,"建筑"(Architecture)(1910年),威尔弗里德·王译,见《阿道夫·路斯的建筑》(伦敦:英国艺术委员会,1985年)(London: Arts Council of Great Britain, 1985),第106页。

27

在这方面,参见路斯在其他文章中所使用的"效果"(*Wirkung*)一词。例如,在上面引用的"覆层原则"一文的段落中,"效果"是空间在观众中产生的"感觉",即房子中"家"的感觉。

28

理查德·诺伊特拉(Richard Neutra),《通过设计生存》(*Survival through Design*)(纽约:牛津大学出版社,1954年),第300页。

29

阿道夫·路斯,"装饰与教育"(Ornament und Erziehung)(1924年),见《阿道夫·路斯全集》(*Sämtliche Schriften*),第一卷,第392页。

30

阿道夫·路斯,"建筑",第106页。补充强调。

31

这扇窗户是路斯作品中唯一出现的"景"窗,表明在他的作品中,城市背景下的建筑与乡村背景下的建筑之间存在差异(库纳别墅是一座乡村别墅)。这种差异不仅在建筑语汇方面具有重要意义,正如人们经常讨论的那样[例如,格拉瓦尼奥洛(Gravagnuolo)谈到了"粉饰的杰作"——莫勒住宅与穆勒住宅——和库纳别墅之间的差异,"如此乡土,如此不合时宜的高耸,如此质朴;见贝内德托·格拉瓦尼奥洛(Benedetto Gravagnuolo),《阿道夫·路斯》(纽约:里佐利出版社,1982年)],但仅就房子与外部世界建立关系的方式而言,其内部与外部的构造。

32

在莫勒住宅餐厅的照片中，有一种场景是虚拟的幻觉，即餐厅的实际景象是拍摄空间（音乐室）的镜像，从而使两个空间相互坍塌，这种错觉不仅产生自空间开口的方式，也由于照片本身的框架所致。在照片中，门槛与后墙的侧边完全吻合，使餐厅成为一幅画中画。

33

"现代人最深的冲突不再是人与自然之间的古老斗争，而是个人必须为确认其存在的独立性和特殊性而与社会的巨大力量作斗争，抵制被社会技术机制夷平、吞噬。"乔治·齐美尔（Georg Simmel），"大都市与精神生活"（Die Grosstadt und das Geistesleben）（1903年），英文版"大都市与心理生活"（The Metropolis and Mental Life），见《乔治·齐美尔：关于个性与社会形态》（*Georg Simmel: On Individuality and Social Forms*），唐纳德·莱文（Donald Levine）编（芝加哥，1971年），第324页。

34

乔治·齐美尔，"时尚"（Fashion）（1904年），同上，第313页。

35

阿道夫·路斯，"装饰与罪恶"（Ornament and Crime）（1908年），威尔弗里德·王译，见《阿道夫·路斯的建筑》，第103页。

36

阿道夫·路斯，"建筑"，第107页。

37

阿道夫·路斯，"家居艺术"（Heimat Kunst）（1914年），见《阿道夫·路斯全集》第1卷，第339页。

38

路斯作为一位作者的神话得以持续的方式之一是：特别看重他的著作，将其重要性凌驾于其他表现形式之上。批评家们通过使用路斯的文字记述使他们对建筑、图纸和照片的观察合理化。这种做法在很多方面都存在问题。通过赋予文字以特权，批评家赋予他们自身以特权。他们把自己当作作者（权威）。这种惯例依赖于传统的再现系统，而我在此对其提出了质疑。

39

芒兹与昆斯特勒，《阿道夫·路斯》，第195页。

40

格拉瓦尼奥洛，《阿道夫·路斯》，第191页。加重显示。

41

同上，加重显示。

窗户

1

对于《勒·柯布西耶全集》中展示的这些别墅照片的其他阐释，请参阅理查德·贝克尔（Richard Becherer）所著文章"在超现实主义场景的建筑中偶遇它"（Chancing It in the Architecture of Surrealist Mise-en-Scene），《模数》（*Modulus*）第18期（1987年），第63–87页；亚历山大·戈林（Alexander Gorlin）所著文章"机器的幽灵：勒·柯布西耶作品中的超现实主义"（The Ghost in the Machine: Surrealism in the Work of Le Corbusier），《观点》（*Perspecta*）第18期（1982年）；何塞·昆特格拉斯（José Quetglas）所著文章"卧室之旅"（Viajes alrededor de mi alcoba），《建筑》（*Arquitectura*）第264–265期（1987年），第111–112页；托马斯·舒马赫（Thomas Schumacher）所著文章"深空间，浅空间"（Deep Space, Shallow Space），《建筑评论》（*Architectural Review*）（1987年1月），第37–42页。

2

这部电影的副本在纽约现代艺术博物馆。关于电影，请参阅J. 沃德（J. Ward）所著文章"勒·柯布西耶的加歇别墅与国际风格"（Le Corbusier's Villa Les Terrasses and the International Style），博士论文，纽约大学，1983年，以及同作者所著文章"加歇别墅"（Les Terrasses），《建筑评论》（*Architectural Review*）（1985年3月），第64–69页。另见贝克尔所著文章"在超现实主义场景的建筑中偶遇它"。贝克尔将勒·柯布西耶的电影与曼·雷（Man Ray）1928年的电影《骰子城堡的神秘事件》（*Les Mystères du Château du dé*）进行了对比，后者使用罗伯特·马莱–史蒂文斯（Robert Mallet-Stevens）设计的诺阿勒别墅（Villa Noailles）作为布景。

3

参见玛丽·麦克里欧德（Mary McLeod）所著文章"夏洛特·佩里昂：作为设计师的第一个十年"（Charlotte Perriand: Her First Decade as a Designer），《建筑联盟学院档案》（*AA Files*）第15期（1987年），第6页。

4

参见皮埃尔–阿兰·克罗塞特（Pierre-Alain Crosset）所著文章"看见的眼睛"（Eyes Which See），《卡萨贝拉》（*Casabella*）第531–532期（1987年），第115页。我们是否应该提醒读者，在1918年勒·柯布西耶失去了左眼的视力：在夜间绘制《壁炉》（*La Cheminée*）这幅画作时视网膜分离，参见勒·柯布西耶，《我的作品》（*My Work*），詹姆斯·帕尔姆斯（James Palmes）译（伦敦：建筑出版社，1960年），第54页。

5

见"室内"一章的注释2。

6

法语原文："Un tel sentiment s'explique dans la ville congestionnée où le désordre apparaît en images affigeantes; on admettrait même le paradoxe en face d'un spectacle natural sublime, tropsublime." 见勒·柯布西耶，《明日之城市》（*Urbanisme*）（巴黎：克雷斯出版社，1925年）（Paris: Cres, 1925），第174–176页。

7

勒·柯布西耶在他的书《光辉城市》（*La Ville radieuse*）（巴黎：文森特与弗雷尔出版社，1933年）（Paris: Vincent, Fréal, 1933），中提到了休·费里斯（Hugh Ferriss），其中一幅将休·费里斯和真实的纽约与瓦赞规划和巴黎圣母院进行对比的拼贴图，附有标题"法国传统——巴黎圣母院和瓦赞规划（'水平的'摩天楼）对美国线条（骚动，发怒，混乱，新中世纪主义的首次爆发状态）"［The French tradition-Notre Dame and the Plan Voisin（'horizontal' skyscrapers）versus the American line（tumult, bristling, chaos, first explosive state of a new medievalism）］。《光辉城市》（*The Radiant City*）（纽约：猎户座出版社，1986年）（New York: Orion Press, 1986），第133页。

8

参见罗杰·巴斯切特（Roger Baschet）在《法国享乐》（*Plaisir de France*）（1936年3月）中对查理·德·贝斯特吉（Charles de Beistegui）的采访，第26–29页。被皮埃尔·萨迪（Pierre Saddy）引用于文章"富人圈中的勒·柯布西耶：查理·德·贝斯特吉公寓"（Le Corbusier chez les riches: l'appartement Charles de Beistegui），《建筑、运动、连续性》（*Architecture, mouvement, continuité*）第49期（1979年），第57–70页。关于这间公寓，另见文章"带露台的公寓"（Appartement avec terrasses），《建筑师》（*L'Architecte*）（1932年10月），第102–104页。

9

法语原文："L'électricité, puissance moderne, est invisible, elle n'éclaire point la demeure, mais actionne les portes et déplace les murailles." 见罗杰·巴斯切特对查理·德·贝斯特吉的采访，《法国享乐》（1936年3月）。

10

参见勒·柯布西耶，《今日的装饰艺术》（巴黎：克雷斯出版社，1925年），第79页。

11

参见皮埃尔·萨迪所著文章"勒·柯布西耶与丑角"（Le Corbusier e l'Arlecchino），《评论》（*Rassegna*）第3期（1980年），第27页。

12

参见文章"带露台的公寓"，《建筑师》（1932年10月）。

13

彼得·布莱克（Peter Blake），《建筑大师：勒·柯布西耶，密斯·凡·德·罗，弗兰克·劳埃德·赖特》（*The Master Builders: Le Corbusier, Mies van der Rohe, Frank Lloyd Wright*）（纽约：克诺夫出版社，1961年）（New York: Alfred A. Knopf, 1961），第60页。

14

参见曼弗雷多·塔夫里（Manfredo Tafuri）所著文章"机器与记忆：勒·柯布西耶作品中的城市"（*Machine et mémoire*: The City in the Work of Le Corbusier），《勒·柯布西耶》（*Le Corbusier*），H. 艾伦·布鲁克斯（H. Allen Brooks）编（普林斯顿：普林斯顿大学出版社，1987年），第203页。

15

勒·柯布西耶，《明日之城市》，第176页。

16

另见"摄影"一章。

17

勒·柯布西耶，《精确性：论建筑与城市规划的现状》（*Précisions sur un état présent de l'architecture et de l'urbanisme*）（巴黎：文森特与弗雷尔出版社，1930年）（Paris: Vincent, Freal, 1930），第57–58页（新增加重号）。

18

勒·柯布西耶，《精确性》，第132–133页。

19

同上，第136–138页（新增加重号）。

20

这种对正面的消除（尽管传统评论坚持认为勒·柯布西耶的建筑应该从它们的立面上来理解）是勒·柯布西耶写作的中心主题。例如，关于日内瓦万国宫的项目，他写道："所以，有人会担心地跟我说，你在支柱的周围或之间建了墙，以免给空中这些巨大的建筑物带来痛苦的感觉？哦，一点也不！我满意地展示这些承载性的支柱，它们在水中的反射，使光线产生从建筑物下方穿过的效果，从而消除了建筑物'前面'和'后面'的任何概念。"（法语原文："Alors, me dira-t-on inquiet, vous avez construit des murs autour ou entre vos pilotis afin de ne pas donner l'angoissante sensation de ces gigantesques batiments en l'air? Oh, pas du tout! Je montre avec satisfaction ces pilotis qui portent quelque chose, qui se doublent de leur reflet dans l'eau,qui laissent passer la lumière sous les bâtiments *supprimant ainsi toute notion de 'devant'et de 'derrière'de bâtiment*."）《精确性》，第49页（新增加重号）。

21

当然，这并不意味着这些图像真实地再现了在房子中的体验，正如蒂姆·本顿（Tim Benton）在一名摄影师的帮助下尝试重现漫步坡道（*promenade*）时似乎明白了，当然也没有成功。参见蒂姆·本顿所著文章"勒·柯布西耶与漫步建筑"（Le Corbusier y la promenade architecturale），《建筑》第264–265期（1987年），第43页。电影的本质是蒙太奇，而不是线性叙事。关于勒·柯布西耶与艾森斯坦（Eisenstein）的关系以及他的思想，参见让–路易斯·科恩（Jean-Louis Cohen），《勒·柯布西耶与苏联的神秘主义》（*Le Corbusier et la mystique de l'URSS*）（布鲁塞尔：皮埃尔·马达加出版社，1987年）（Brussels: Pierre Mardaga Editeur, 1987），第72页。

22

劳伦斯·赖特（Lawrence Wright），《透视中的透视》（*Perspective in Perspective*）（伦敦：劳特里奇出版社，1983年）（London: Routledge and Kegan, 1983），第240–241页；参见路易斯·费尔南德斯·加利亚诺（Luis Fernandez-Galiano）所著文章"勒·柯布西耶的凝视：走向叙事建筑"（La mirada de Le Corbusier: hacia una arquitectura narrative），A & V，《建筑与住宅论文集》（*Monografias de Arquitectura y Vivienda*），第9卷（1987年），第32页。另外也应注意在这些住宅中采用的再现形式与勒·柯布西耶构思其书籍手稿或讲座笔记的方式之间的关系，在这种关系中思路可以通过一系列再现观念的图像被梳理出来。另见"摄影"一章。

23

法语原文："Je savais que la région où l'ont voulait construire comportait un secteur de 10 à 15 kilomètres de coteaux bordant le lac. Un point fixe: le lac; un autre, la vue magnifique, frontale; un autre, le sud, frontal également./ Fallait-il tout d'abord rechercher le terrain et faire le plan d'après le terrain? Telle est la méthode courante. J'ai pensé qu'il valait mieux faire un plan exact, idéalement conforme à l'usage qu'on en espérait, déterminé par les trois facteurs déjà énoncés. Ceci fait, partir, plan en poche, à la recherche d'un terrain avantageux." 勒·柯布西耶，《精确性》，第127页。

24

同上，第230页。

25

勒·柯布西耶，《一座小房子》（*Une petite maison*）（苏黎世：建筑出版社，1954年）（Zurich: Editions d'Architecture, 1954），第8页与第5页。

26

同上，第22–23页。

27

法语原文："Aujourd'hui, la conformité du sol avec la maison n'est plus une question d'assiette ou de contexte immédiat." 勒·柯布西耶和弗朗索瓦·德皮埃尔弗（Francois de Pierrefeu），《男人之家》（*La Maison des hommes*）（巴黎：普隆出版社，1942年），第68页。重要的是，本书的这一段落和其他主要段落在英译本《男人之家》（*The Home of Man*）（伦敦：建筑出版社，1948年）（London: Architectural Press, 1948）中被省略了。

28

勒·柯布西耶，《光辉城市》，第224页。

29

在《精确性》中，他写道（第62页）："街道独立于房屋，街道独立于房屋，想想看。"必须指出的是，街道是独立于房屋的，而不是相反。

30

关于景观概念与住宅概念的关联，参见于贝尔·达米施（Hubert Damisch）所著文章"现代生活的支柱"（Les Tréteaux de la vie moderne），《勒·柯布西耶：百科全书》（*Le Corbusier: une encyclopédie*）（巴黎：乔治·蓬皮杜中心，1987年）（Paris: Centre Georges Pompidou, 1987），第252–259页。另见布鲁诺·赖希林（Bruno Reichlin），"巴黎精神"（L'Esprit de Paris），《卡萨贝拉》（*Casabella*）第531–532期（1987年），第52–63页。

31

勒·柯布西耶和弗朗索瓦·德皮埃尔弗，《男人之家》（*The Home of Man*），第87页。

32

勒·柯布西耶，《光辉城市》，第223–225页。

33

比较达米施所著文章"现代生活的支柱"，第256页。

34

勒·柯布西耶和弗朗索瓦·德皮埃尔弗，《男人之家》（*The Home of Man*），第87页。

35

勒·柯布西耶，《光辉城市》，第224页。

36

勒·柯布西耶，《精确性》，第56页。

37

英文单词window的词源表明它结合了风（wind）和眼睛（eye）。正如乔治·特索（Georges Teyssot）所指出的，这个词结合了"一个外部的元素和一个内部的面向。住宅所依据的分隔是一个人安置自我的可能"[乔治·特索所著文章"所有楼层的水和天然气"（Water and Gas on All Floors），《路特斯》（Lotus）第44期（1984年），第90页]。但是在勒·柯布西耶这里，这种安置将主体自身与内部分开，而不是简单地将外部与内部分开。安置涉及一种复杂的几何学，它纠缠于室内和室外，主体与其自身之间的划分。window的词源也被艾伦·伊芙·弗兰克（Ellen Eve Frank）在《文学建筑》（Literary Architecture）（伯克利：加利福尼亚大学出版社，1979年）第263页中引用。

38

勒·柯布西耶，《精确性》，第136页。

39

它不是我们发现的随意放置的一杯茶，而是对日常生活物品的"艺术"安排，正如在萨伏伊和加歇别墅的厨房中一样。我们在这里可能会称其为"静物"而不是家庭生活。

40

路易吉·皮兰德娄（Luigi Pirandello），《拍摄》（Si gira），引自瓦尔特·本雅明所著文章"机械复制时代的艺术作品"，《启迪》（Illuminations）（纽约：肖肯出版社，1969年），第229页。

41

本雅明，"机械复制时代的艺术作品"，第230页。

42

勒·柯布西耶，《精确性》，第78页。

43

勒·柯布西耶和弗朗索瓦·德皮埃尔弗，《男人之家》（The Home of Man），第100页。

44

参见利里奥（Paul Virilio）所著文章"第三种窗户：对保罗·维利里奥的采访"（The Third Window: An Interview with Paul Virilio），《全球影视》（Global Television），辛西娅·施耐德（Cynthia Schneider）和布莱恩·沃利斯（Brian Wallis）编（纽约和剑桥：韦奇出版社和MIT出版社，1988年）（New York and Cambridge: Wedge Press and MIT Press, 1988），第191页。

45

勒·柯布西耶和弗朗索瓦·德皮埃尔弗，《男人之家》（The Home of Man），第125页。

46

法语原文："Le machinisme a tout bouleversé:

les communications: auparavant les hommes organisaient leurs entreprises à l'échelle de leurs jambes: Le temps avait une autre durée. La notion de la terre était de grandeur, sans limite. [...]

l'interpénétration: un jour Stevenson inventa la locomotive. On rit. Et comme des gens d'affaires prennent cela au sérieux, demandent des concessions, M. Thiers, l'homme d'Etat qui conduisait la France, intervient instamment au Parlement, suppliant les députés de s'occuper d'autres choses plus sérieuses: 'Jamais un chemin de fer [...] ne pourra relier deux villes...'!

Sont venus le télégraphe, le téléphone, les paquebots, les avions, la T.S.F. et voici la télévision. Un mot láché de Paris est chez vous en une fraction de seconde! [...] Les avions vont partout; leur oeil d'aigle a fouillé le désert et a pénétré la forêt vierge. Précipitant l'interpénétration, le fer, le téléphone font couler sans arrêt la province dans la ville, la ville dans la province...

l'anéantissement des cultures régionales: ce que l'on croyait être le plus sacré: la tradition, le patrimoine des ancêtres, la pensée du ciocher, [...] est tombé [...]

Les pleurnicheurs invectivent la machine perturbatrice. Les actifs intelligents pensent: *enregistrons* pendant qu'il est temps encore, par la photo, le cinéma ou le disque, par le livre, le magazine, ces témoignages sublimes des cultures seculaires."

勒·柯布西耶，《精确性》，第26–27页。英译本《精确性：论建筑与城市规划的现状》

（*Precisions: On the Present State of Architecture and City Planning*），伊迪丝·施赖伯·奥贾梅（Edith Schreiber Aujame）译（剑桥：MIT出版社，1991年），第25–27页。

47

勒·柯布西耶，《精确性》，第106–107页。

48

同上，第107页。

49

法语原文："M. Vignole ne s'occupe pas des fenêtres, mais bien des 'entre-fenêtres'（pilastres ou colonnes）. Je dévignolise par: *l'architecture, c'est des planchers éclairés.*"
同上，第53页。英文翻译来自英文版《精确性》，第51页。

图片来源

（页码为英文版页码，见本书页边标注页码）

Page 18: Postcard from the Archives of the New York Stock Exchange.

Page 19: Postcard. Photograph by Paul Strand.

Pages 22, 34, 53, 235, 236, 237, 239, 241, 242, 246, 247, 249, 253, 254, 256, 258, 259, 261, 262, 268, 272, 275: Courtesy Graphische Sammlung Albertina, Vienna.

Pages 24, 81, 257: From *Berggasse 19: Sigmund Freud's Home and Offices, Vienna 1938* (New York: Basic Books, 1976). Photographs by Edmund Engelman.

Page 25: From *Karl Kraus Briefe an Sidonie Nadherny von Borutin 1913-36* (Munich: Kösel Verlag, 1974).

Pages 29, 30: From Hans Weigel, *Karl Kraus*.

Page 36: From Heinrich Kulka et al., *Adolf Loos* (Vienna, 1931).

Page 45: From B. Rukschcio and R. Schachel, *Adolf Loss* (Salzburg and Vienna, 1982).

Pages 48, 49: Reproduced from period postcards.

Page 52: From Klaus Wagenbach, *Franz Kafka:Pictures of a Life* (New York: Pantheon Books, 1984).

Page 54: Origin unknown.

Pages 55, 59, 60: Hoffmann Estate.

Page 58: Archive E. F. Sekler.

Page 62: From Z. P. Alexander, *Iron Horses: American Locomotives 1829—1900* (New York. W. W. Norton, 1968).

Page 63: From Sigfried Giedion, *Space, Time and Architecture* (Cambridge: Harvard University Press, 1941).

Page 74: From *Das Andere* 2 (1903).

Page 78: Still from Dzige Vertov, *The Man with the Movie Camera* (1928—1929).

Page 79: From Jonathan Crary, *Thchniques of the Observer: On Vision and Modernity in the Nineteenth Century* (Cambridge: MIT Press, 1990).

Page 85: Courtesy Musée du Louvre.

Pages 86, 87, 89, 97, 99, 110, 113, 126, 127, 129, 135, 137, 138, 162, 163, 215, 227, 230, 284, 288, 294, 295, 299, 300, 308, 309, 313, 316, 317, 320, 321, 331: © 1993 ARS, New York/SPADEM, Paris.

Page 92: From Malek Alloula, *The Colonial Harem* (Minneapolis: University of Minnesota Press, 1986).

Pages 93, 94: From Giuliano Gresleri, *Le Corbusier, Viaggio in Oriente* (Venice:

Marsilio Editori; Paris: Foundation Le Corbusier, 1984).

Pages 96, 98, 121: From Le Corbusier, *L'Art dècoratif d'aujourd'hui* (Paris: Editions Crès, 1925).

Page 102: From Mary Patricia May Sekler, *The Early Drawings of Charles-Edooar Jeanneret 1920-1908* (New York: Garland Publishing, 1977).

Page 103: From *Dekorative Kunst* 7 (1903—1904).

Page 105: From Le Corbusier, *L'Atelier de la recherche patiente* (Stuttgart: Gerd Hatie, 1960).

Pages 106, 108, 109, 112, 142, 143, 150, 166, 167, 174, 182, 189, 198, 214, 216, 218: From *L'Esprit nouveau* (issue numbers and dates as noted in captions).

Pages 115: From Le Corbusier, *Prècisions* (Paris: Editions Crès, 1930).

Pages 116, 120, 122, 144, 145, 146, 147, 149, 151, 152, 155, 158, 168, 178, 179, 186, 188, 196, 197, 199, 222, 224: Courtesy Foundation Le Corbusier.

Pages 117, 125, 154, 161, 164: From Le Corbusier, *Vers une architecture* (Paris: Editions Crès, 1923).

Page 123: From Le Corbusier, *Une maisom, un palais* (Paris: Editions Crès, 1928).

Pages 131, 285, 286, 287, 328: From *L'Architecture vivante* (1929—1931).

Page 132: From Sigfried Giedion, *Mechanization Takes Command* (New York: W. W. Norton, 1969).

Pages 157, 165, 169: From *L'Illustratuin* (issues as noted in captions).

Page 172: From *Art Bulletin,* September–December 1966.

Pages 191, 193: From Le Corbusier, *Almanach de l'architecture moderne* (Paris: Editions Crès,1925).

Pages 205, 208:Courtesy Museum of Modern Art, New York.

Pages 223, 225, 228: ©1994 ARS, New York/ADAGP, Paris.

Pages 240, 245: From Ludwig Münz and Gustav Künstler, *Adolf Loos: Pioneer of Modern Architecture* (London: Thames and Hudson, 1966).

Page 243: From Max Risselada, ed., *Raumplan versus Plan Libre* (Delft: Delft University Press, 1988).

Page 251: From *Der Architect*, no. 22 (1922).

Page 263: From Lynn Haney, *Naked at the Feast: A Biography of Josephine Baker* (New York: Dodd, Mead & Company, 1981).

Pages 266, 267: From Amèdèe Ozenfant, *Foundations of Modern Art* (1931).

Page 278: From *Das Interieur* (1901).

Pages 290, 291, 292: Stills from *L'Architecture d'aujourd'hui* (1929).

Page 298: From *AA Files* 15 (1987), courtesy Charlotte Perriand.

Page 302: From *L'Electricitè à la maison* (Paris: Compagnie parisienne de distribution d'èlectricitè, c. 1930).

Pages 304, 305, 307, 310: From *L'Architecture* (1932).

Pages 324, 325: From Le Corbusier, *La Ville radieuse* (Paris: Vincent, Frèal, 1933).

索引

（页码为英文版页码，见本书页边标注页码）

著作权合同登记图字：01-2011-1264号

图书在版编目（CIP）数据

私密性与公共性：作为大众媒体的现代建筑/（美）
比阿特丽斯·科洛米纳著；李真，张扬帆译.—北京：
中国建筑工业出版社，2022.3
（AS当代建筑理论论坛系列丛书）
书名原文：Privacy and Publicity: Modern
Architecture as Mass Media
ISBN 978-7-112-27016-3

Ⅰ.①私… Ⅱ.①比… ②李… ③张… Ⅲ.①建筑学
—研究 Ⅳ.①TU-0

中国版本图书馆CIP数据核字（2021）第281174号